U0176928

我们一起解决问题

助力乡村振兴系列

短视频实战三绝

赵宁
董红 著
姚懿

从零开始
打造百万粉丝主播

人民邮电出版社
北　京

图书在版编目（CIP）数据

短视频实战三绝：从零开始打造百万粉丝主播 / 赵宁，董红，姚懿著. -- 北京：人民邮电出版社，2023.6
（助力乡村振兴系列）
ISBN 978-7-115-61758-3

Ⅰ. ①短… Ⅱ. ①赵… ②董… ③姚… Ⅲ. ①视频制作 Ⅳ. ①TN948.4

中国国家版本馆CIP数据核字(2023)第081617号

内 容 提 要

近年来，短视频行业发展迅速，越来越多的人希望进入这个领域有所发展，但大部分新手不清楚如何全面、系统地做好短视频运营。本书基于作者丰富的短视频运营和主播培养经验，旨在为相关从业者尤其是新手提供一套可有效指导实战的思路、方法和技巧。

本书共分为 8 章，分别从赛道选择、人设定位、流量运营、平台选择、爆款运营、直播运营、变现模式等方面介绍了短视频运营的相关知识、实战方法和注意事项，并详细介绍了三位典型的百万粉丝主播的成长案例。此外，书中还穿插了作者本人及其培养的主播根据自身实践经验总结出的很多实战技巧和心得。

本书适合希望进入短视频行业或提升短视频运营水平的各类企事业单位人员、创业人员、培训师、咨询师及相关院校的师生阅读。

◆ 著　赵　宁　董　红　姚　懿
责任编辑　陈　宏
责任印制　彭志环

◆ 人民邮电出版社出版发行　　　北京市丰台区成寿寺路 11 号
邮编 100164　电子邮件 315@ptpress.com.cn
网址 https://www.ptpress.com.cn
涿州市京南印刷厂印刷

◆ 开本：700×1000　1/16
印张：13.25　　　　　　　　　　2023 年 6 月第 1 版
字数：150 千字　　　　　　　　　2023 年 6 月河北第 1 次印刷

定　价：59.80 元

读者服务热线：（010）81055656　印装质量热线：（010）81055316
反盗版热线：（010）81055315
广告经营许可证：京东市监广登字 20170147 号

编委会

序言

//////

早早地来到办公室，写本书的序言。

这是"助力乡村振兴"系列图书的第二本。我记得给第一本书《农产品直播电商成长课堂》写序言的时候，也是在一个周末，也是在这样的一个清晨。

每当一本书的初稿完成，写序言时，我都像站在一个路口，回望来时的路，会有些感慨，无法言表。

《短视频实战三绝：从零开始打造百万粉丝主播》记录了我们创作短视频这一路来的历程，包括我们的老师、学员，还有我们自己。

现在，我越来越笃定，短视频和直播是普通人入局新媒体成本最低的方式。拿起手机去拍摄，打开手机去讲述自己的故事，记录人间每一缕再普通不过的烟火气，将成为我们每个人都要掌握的技能。这不仅是我们的生活方式，更是我们对生活的致敬。

人间值得我们记录，无论美好还是遗憾。

提起短视频，几个鲜明的标签扑面而来：碎片化、丰富性、互动性……我们绝大多数人都把碎片时间花在手机上，更确切地说，花在刷短视频和看直播上。短视频和直播不仅在影响我们的阅读习惯，也在影响各类机构的营销方式。

我认为，短视频是一种新的语言，它更加直白，更加有代入感，也更加容易上手。我每次上课的时候都会问学生："让你们写一篇 1 000 字的课后感，你们肯定都会埋怨赵老师事多。但是，让你们拿起手机拍摄一段赵老师上课的视频，是不是很简单？"

无论你拍得如何，这都是记录。

以前，如果我们希望探索世界，就要通过旅游的方式走出去。现在，短视频兴起，用户通过短短几分钟的视频就可以看到世界各个角落的面貌，以及不同的人。

短视频是一扇窗，可以让大家更多地见识这个世界。而这扇窗的背后，是每一个努力生活的普通人。看见了他们，才是看见了世界。

无论安康的"舌头哥"还是铜川的"海浪姑娘"，无论"陕北少安哥"还是"乡野小静"，他们都在用自己的方式通过短视频记录家乡的好山、好水、好物。某短视频平台在 2022 年发布的《乡村数据报告》显示，该平台上与乡村相关的视频在过去一年里增加了 3 438 万条，获得了 35 亿次以上的点赞，全国网友累计打卡 122 万个村庄。

我们研究院里拥有 600 万粉丝的董红老师、拥有 200 万粉丝的我和拥有 100 万粉丝的余国珍老师，都在通过短视频把大学课堂里的内容讲给大家听。无论你身处何地，只要有网络，你就可以学习许多老师的课程，短视频让远在天涯变成了近在咫尺。短视频成了我们阅读世界的新方式，值得我们认真学习。

最后，感谢学校和企业里每一位陪伴我们走过来的领导和同事，还有研究院的伙伴们，团队里的每一位老师。当然，最感谢的是每一位学生，是你们让我们体会到了教育的尊严和伟大。

感谢许许多多默默的支持，它们都汇成了涓涓细流，让我在迷茫和孤独时不放弃。

感谢人民邮电出版社的各位老师一直以来悉心的指导。

感谢正在阅读这篇文字的你。

跟着我们，从零开始，到百万粉丝。

赵 宁

2023 年 3 月 5 日于陕西直播产业研究院

目录

//////

第1章

赛道选择：知己知彼再入局

我们从传统媒体时代进入了新媒体时代，更确切地说是从图文时代进入了视频时代。这里所说的视频包括短视频和直播。

做短视频和直播的门槛非常低。短视频制作上手简单，很多时候比传统的图文写作更加轻松。赵宁老师经常在课堂上问学员："让你们写一篇 1 000 字的课后感，你们会不会抱怨赵老师事多？但是，让你们拿起手机拍一段赵老师上课的视频，是不是相对来说就简单多了？"学员都点头说"是"。

对大部分人来说，拿起手机、点个按钮就可以拍一段短视频，区别只是拍得好不好或者是否专业而已。人类的眼睛天生就倾向于追踪运动的物体，因此画面不断变化的短视频更容易吸引人们的注意。短视频可以让观看者产生较强的代入感，比文字更容易让人产生身临其境的感觉。

流量并不是一串数字，而是你未来的客户和资源；热门也不是一份榜单，而是你打造个人 IP（Intellectual Property 的首字母缩写词，本意为知识产权，后逐渐引申为能够凭借自身影响力获得流量的知识产权品牌、个人品牌或产品品牌）的砖石。入局短视频，要从知己知彼开始。

1.1 认识自己，发现自己的优势

对个体来说，这应该是最好的时代。每个人都可以选择自己喜欢的平台，在平台上展示自己的生活和能力。这些平台让更多的人拥有了被看见的机会。

个人为什么入局短视频？答案是"多一份收入，多一种选择，更好地抵御风险，给自己找一条不一样的出路"。企业为什么入局短视频？答案是"提升宣传推广的效果，多渠道获客，增加收益，更好地生存与发展"。

在入局短视频前，我们要问自己以下几个问题。

我做短视频的目的是什么？变现、让更多的人知道我、做着玩，还是为了完成领导安排的任务？

我打算组建团队做短视频还是自己做短视频？如果组建团队做短视频，大家能否坚持下去？大家能坚持多久？

我想做短视频，我应该怎么做？

有的心理学家认为，弱点并不是我们不擅长或不熟悉的领域，而是妨碍我们更好地发挥自身优势的因素。大千世界，学习知识是永无止境的，每个人不擅长的领域实在太多了，擅长的领域可能只有一两个，但是这又有什么关系呢？你或许不是数学家，不知道怎么完成复杂的数学计算，但这并不妨碍你在其他领域取得成就。更重要的是，发挥你的优势，无论什么优势；控制你的弱点，无论什么弱点。

我认为，判断一个人是否成功，主要看他是否将自己的优势发挥到了极致。一些心理学家通过研究发现，不同的人身上具备的优势多达 400 多种。事实上，你拥有多少种优势并不重要，重要的是你知道自己的优势是什么，然后把自己的人生、工作、事业的发展全部建立在这些优势之上，这样你就更容易成功。

同样的道理，入局短视频最重要的一步是发现自己的优势，通过不断地尝试，在短视频领域最大限度地发挥这些优势。在这个方面，董红老师非常有发言权。在回顾自己入局短视频的经历时，董红老师说："永远不要错过人生当中的任何一次尝试，因为试错的成本很低。更不要拒绝和任何人的交流、合作。我为什么入局短视频？因为我之前和一家企业做了非常轻度的合作。当时我尝试了，于是现在有了全网 600 万粉丝。我为什么在视频号上开直播？因为我之前自费参加了一场会议，会上，我和一个陌生人交流，然后开始和他的公司合作，在视频号上做直播。连带货加打赏，我在半年内就获得了 50 万元的收益。"

为了发现自己的优势，我们可以从内部反思和外部咨询两个方面入手。

1.1.1 内部反思

SIGN 模型是由优势理论的提出者马库斯·白金汉在其著作《现在，发现你的优势》中提出的，我们可以借助该模型找到自身发出的优势信号，如图 1-1 所示。

图 1-1　SIGN 模型

SIGN 模型中的"S"代表 Success，即成功，是指自我效能感，相信自己拥有做成某件事的能力。在寻找该信号时，我们可以问自己："我做什么事情的时候会感到信心满满，不会感到担忧、焦虑？""我跟别人聊什么话题时会很自信，能畅所欲言？"

SIGN 模型中的"I"代表 Instinct，即本能，是指发自内心地热爱、渴望做某件事，情不自禁地开始做这件事，并且饱含热情地投入其中。在寻找该信号时，我们可以问自己："我做什么事情时会立即行动，一刻也不想耽误？""我宁愿放弃休息时间也要做的事情是什么？"

SIGN 模型中的"G"代表 Growth，即成长，是指我们在做某件事时发现自己学得很快，比别人进步快、做得好。在寻找该信号时，我们可以问自己："我做什么事情时一学就会、一做就成？""有什么事情是我一看就会做而且做得不错的？"

SIGN 模型中的"N"代表 Needs，即满足。这种满足感首先体现为享受做某件事的过程，例如，杨丽萍老师说"跳舞就是跳舞最好的回报"，摩西奶奶说"画画就是画画最好的回报"；其次体现为事后满足，就是做完某件事后还想再做一次的满足感、成就感。在寻找该信号时，我们可以问自己："我做什么事情时会感觉非常快乐、非常享受？""什么事情做成之后会让我获得巨大的成就感和满足感？"

请回顾自身的以往经历，寻找那些具备 SIGN 模型中 4 个要素的事项。具备的要素越多，就说明我们在这件事上越有优势。

1.1.2 外部咨询

如果自身经历不够丰富，就很难运用 SIGN 模型找到自己的优势。这时，我们就要借助外部力量了。外部咨询的主要方法是征求他人的意见或者从他人的反馈中发现自身的优势。例如，我们可以直接问自己的亲人、朋友、同学、老师、同事或领导"你觉得我的优势是什么"。正所谓"当局者迷，旁观者清"，他们可能比你更了解你自己。此外，我们还可以想一想自己经常被他人称赞的地方有哪些，例如，经常有人夸你长得漂亮，外貌就是你的优势；经常有人夸你唱歌好听，唱歌就是你的优势；经常有人夸你会讲故事，讲故事就是你的优势。这种方法最简单直接，但有时也会出现一些误判。

事实上，任何一种方法都不可能万无一失，验证结果最有效的办法就是不断地尝试。前文介绍了董红老师的经历，她通过与企业合作发现了自己的优势，然后她尝试做短视频和直播，不断地放大自己的优势，这才有了全网

600 万粉丝。

因此，认识自己，发现自己的优势，只是入局短视频的第一步。真正能让你在短视频领域有所成就的是行动起来，不断地尝试。优势本身并不能给你带来回报，除非你像董红老师一样敢于尝试，坚持不懈地在自己的优势领域付出努力。

行动之前，我们要先了解入局短视频的 10 个误区，避免"踩坑"。

入局短视频的 10 个误区

（1）一直在准备，一直无法面对镜头，天天喊着做短视频，就是迟迟不行动。如果一直处于这样的状态，就不要做短视频了。

（2）承受不了起步阶段的压力，发了几条短视频或做了几场直播没用户观看就不做了。一个新号和一大批成熟账号抢流量，当然要慢慢来。

（3）不做定位和规划。你想卖什么产品，你想吸引哪些粉丝，都要提前做好定位和规划。

（4）盲目迷信粉丝量。粉丝量只是一个数字，短视频平台的粉丝并不属于你自己。

（5）不学习平台的规则和算法。不熟悉平台的规则和算法，不仅容易"翻船"，还容易做很多无用功。

（6）过于看重拍摄。除了摄影类账号，对大部分账号尤其是以口播为主的账号来说，拍摄其实并没有那么重要。

（7）一味地买流量。买来的流量只能锦上添花，但不能雪中送炭。没有优秀的内容作为支撑，买流量就等于捐款。

（8）总想着一夜暴富。饭要一口一口地吃，做短视频也是一样的，进步需要一个过程。

（9）不会写文案、改文案，只会抄袭他人的文案。搬来的东西火不了，一定要"模仿＋创新"。

（10）只做短视频，不做直播。一定要同时做短视频和直播，二者缺一不可。

现在，准备踏上你的短视频创业之路吧！

1.2　认识市场，发现空间

短视频创业还有机会吗？前景如何？

下面用一组数据来回答这些问题。中国互联网络信息中心（CNNIC）发布的第 50 次《中国互联网络发展状况统计报告》显示，截至 2022 年 6 月，我国网民规模为 10.51 亿，互联网普及率达 74.4%；网民人均每周上网时长为 29.5 小时，使用手机上网的比例达 99.6%；短视频用户规模增长最为明显，较 2021 年 12 月增长 2 805 万，达 9.62 亿，占网民的 91.5%；网络直播用户规模较 2021 年 12 月增长 1 290 万，达 7.16 亿，占网民的 68.1%。除了用户规模，在用户使用时长方面，短视频也超越了即时通信，成了占据人们上网时间最长的手机软件类别。

用户就是流量。用户规模的不断增长，为短视频和直播带来了更大的市场空间，也带来了更多的机会。2023 年 1 月 28 日，抖音上线了"抖音超市"。这并不是抖音第一次进军电商。早在 2020 年，抖音就开始布局货架电商了。电商不仅给短视频平台带来了更强的变现能力，也带来了更大的市场规模。据统计，仅抖音平台的短视频创作者累计收入就超过了 500 亿元，这些创作者中的绝大部分都是普通人。这意味着，每个人都有机会通过短视频创业创富。

不过，到底选择哪个短视频赛道呢？除了要清楚地认识自己的优势，还要全面地了解常见的短视频赛道，这样才能对号入座，做好垂直运营。

1.2.1　常见的短视频赛道

选择短视频赛道其实就是明确短视频账号的内容定位，简单来说，就是短视频账号做什么类型的内容。常见的短视频赛道如表 1-1 所示。

表 1-1　常见的短视频赛道

大赛道	中赛道
才艺技能	手工、摄影、绘画等
教育培训	考学培训、语言教学、个人管理等
数码家电	3C 数码、家具电器等
游戏	游戏实况、游戏剧情、游戏解说、游戏信息等
母婴亲子	育儿科普、萌娃日常、亲子互动等
测评	美妆测评、3C 数码测评、汽车测评、美食测评、母婴产品测评等
时尚	穿搭、街拍、造型等
生活	生活小窍门、好物推荐、健康养生等
剧情幽默	剧情、幽默
美食	美食教程、美食探店、乡村野食、美食佳地等
美妆	美妆教程、妆容展示、护肤保养等
汽车	汽车知识、汽车周边服务等
旅游	旅游记录、旅行攻略、旅行推荐等
音乐	歌曲演唱、乐器演奏、音乐教学、原创音乐等
三农	“三农”生活、农村美食、农村风俗文化等
萌宠	日常宠物、特别宠物、宠物周边等
财经投资	传统金融、互联网金融、财经知识等
颜值达人	美女、帅哥
艺术文化	传统文化、人文科普、自然科学等
影视娱乐	影视解说、娱乐话题等
创意才能	创意展示、才能展示等
二次元	二次元真人、动画、漫画、配音、模型等
舞蹈	舞蹈
情感	情感故事、情感咨询等

（续表）

大赛道	中赛道
家居家装	家装设计、装修知识、装修技巧分享、装修周边服务等
运动健身	健身、竞技体育、极限运动等
房产	房屋租赁、房屋销售、购房技巧等

在以上这些赛道中，剧情幽默、影视娱乐、颜值达人、游戏等属于进入门槛较低且流量比较大的赛道，但同时也是受到重点监管的领域。近年来，短视频行业迅猛发展，一系列政策、法规相继推出，涵盖内容管理、平台治理、从业人员、算法、账号管理、广告、税收、语言文字、反食品浪费等方面，其目的是加强监管，引导短视频行业健康发展。《网络短视频内容审核标准细则（2023）》更是明确规定短视频不得擅自剪辑、改编电影、电视剧、网络电影等各类视听节目和影像。这意味着，凭借剪辑影视作品及各类视听节目、影像片段获取流量的时代已经结束了，未来要想在短视频行业有所作为，就必须认清自己的优势并进入更有发展前景的赛道——趋势赛道。

1.2.2　短视频趋势赛道

所谓趋势赛道，是指未来有更大发展空间的赛道。要想找到这些赛道，就要随时关注相关政策。

《"十四五"推进农业农村现代化规划》中提出，支持农民工、大中专毕业生、退役军人、科技人员和工商业主等返乡入乡创业，鼓励能工巧匠和"田秀才""土专家"等乡村能人在乡创业；实施"农村创业创新带头人培育行动"，打造1 500个农村创业创新园区和孵化实训基地，培育10万名农村创业创新导师和100万名带头人，带动1 500万名返乡入乡人员创业。不难预见，在相关政策的扶持下，"三农"赛道将成为短视频行业新的"流量大户"。

有人认为自己不是农民、不在农村、不从事农业，所以没办法进入"三农"赛道。事实上，"三农"赛道可以分为很多小赛道，并非只有在农村生活的农民才能进入。例如，赵宁老师是西安邮电大学的老师，本来和农民、农村、农业没有什么关系，但她通过分享自己去乡村讲课、逛菜市场的视频等方式展现了"三农"新面貌。因此，你的身份不重要，你身处何地也不重要，重要的是你的关注点、兴趣点在哪里。

💡 "三农"短视频的 9 个细分赛道

（1）如果你喜欢田园生活，可以学"田园刘娟"，通过视频加配音的方式展现诗意生活。

（2）如果你有一个农村小院，可以学"小鱼儿夫妇"和"柠檬夫妻"，做小院改造。

（3）如果你特别喜欢聊天、讲故事，可以学"刘当当"，讲述当地生活，唤起现代人的怀旧情绪。

（4）如果你喜欢农家生活、农家美食，"乡愁沈丹""康仔农人""闲不住的阿俊""潘姥姥"等账号都可以为你提供创作灵感。

（5）如果你特别会种菜，可以学"贝贝她大妈农场"和"王静"，分享种菜心得，卖蔬菜种子。

（6）如果你喜欢传统手艺，可以学"山里小木匠"和"山里木匠老戴"，展示传统手艺，不一定要自己做，身边的亲人、朋友甚至熟人会做并且愿意配合你拍摄就可以。

（7）如果你是一位时尚达人，审美水平较高，可以学"陆仙人"，在农村办时尚走秀活动。

（8）如果你喜欢画画，可以学"刘小备"，在农村做墙绘。

（9）如果你是返乡创业、助农的大学生，可以学"山西姑娘在助农""甘肃娃娃在助农""西北娃贝贝"，着力打造助农创业新人形象。

这个世界唯一不变的就是变化。在主流的短视频平台上，很可能发生这样的情况：上半年的热门赛道在下半年却没有太多流量了。因此，在选择赛道时，除了要研究市场趋势，还要把自己的优势与用户的痛点充分地结合起来，只要你能满足一部分用户的需求，你就离成功不远了！

1.3　认识社会，发现痛点

短视频是一扇窗，人们透过这扇窗可以看到更加多元的世界。而这扇窗的背后，是每一个努力生活的普通人，看见了他们，才是看见了世界。不管进入哪个赛道，人设定位一定要清晰，不能什么内容都拍。此外，短视频的内容一定要符合人性，要么有趣，要么有用。

要想让短视频获得较高的点赞量、评论量、完播率和转发率，就必须找到用户关注的热点。

1.3.1　发现热点，借力热点

为了更加快速、准确地发现热点，我们可以借助两个工具——微博热门话题和抖音热点宝。

（1）微博热门话题。微博热门话题的起爆速度一般比抖音热点快 2 小时。通过微博上的热门话题和相关排行榜，我们能够快速找到即将爆发或者正在爆发的热点。

（2）抖音热点宝。抖音是一个紧追热点的平台，只要发现某条短视频的某个关键词正在爆发，平台就会"追"与该关键词相关的所有短视频。

下面以"中国联通客服"账号为例说明如何借助热点打造影响力。

"中国联通客服"账号发布的短视频内容垂直度极高，主要呈现联通客服的工作日常，包括如何处理客户投诉的问题、如何为客户答疑解惑等，主要形式是热门舞蹈、幽默对话等，帮助联通客服树立了专业、亲切、有趣的形象。

在这样的定位下，"中国联通客服"账号在创作内容时经常会借力热点。例如，抖音平台上一旦出现热门舞蹈、热门音乐，该账号就会紧跟热点，拍客服跳热门舞蹈的短视频，同时关联平台的相关话题。跳舞的客服都会穿着联通的工作制服，因此这些短视频不仅容易在同类短视频中脱颖而出，还增强了联通品牌与平台用户的互动，打造了人性化、充满趣味性的品牌形象，提升了品牌的知名度和影响力。

根据飞瓜数据的统计，在"中国联通客服"账号发布的各类视频中，舞蹈视频的热度最高。该账号在 2021 年 3 月 17 日至 9 月 12 日近 180 天的时间内，点赞量最高的 10 条短视频中有 7 条都是舞蹈视频。其中，2021 年 6 月 26 日发布的舞蹈视频点赞量最高，达 165.2 万次。此后，"中国联通客服"账号的主要创作方向转向了舞蹈。

在"中国联通客服"账号借力热门舞蹈收获 400 多万粉丝后，其他品牌官方账号也纷纷效仿，同样获得了可观的流量。在抖音平台上，中国移动、中国电信、中国邮政和招商银行等品牌的官方账号相继发布客服跳舞的短视频，引起了用户的广泛关注，甚至形成了"感谢中国联通"的网络亚文化，中国联通借此再次成为热点。

从整体上看，"中国联通客服"账号在抖音平台上开展运营的过程中，首先明确了自身定位，然后发现热点、借力热点甚至创造热点，在品牌宣传方面实现了事半功倍的效果。

1.3.2 发现用户的痛点，满足用户的需求

痛点就是让人们感到痛苦的问题或麻烦。如果你能发现用户的痛点，并

且能够为他们提供解决方案，满足他们的需求，你就能获得他们的关注和追随。从某个角度来说，痛点是一切创业项目的起点，几乎所有的创业项目都源于希望解决用户的某一个或某几个痛点。短视频创业同样遵循这个逻辑。在选择赛道和创作内容的过程中，我们都要从目标用户的痛点出发进行思考和探索。

以董红老师的账号为例，她的人设定位是从业 8 年的律师，其短视频内容主要是结合用户的痛点进行普法，如"年底了，你的欠款怎么要回来呢""欠款金额小，怎么自己打官司""对方欠债不还，想起诉但没有借条应该怎么办"等。对于这些用户急需解决的痛点，董红老师从律师的角度做了解读，提供了专业的意见，满足了用户的需求，因此快速地收获了大批粉丝（见图 1-2）。

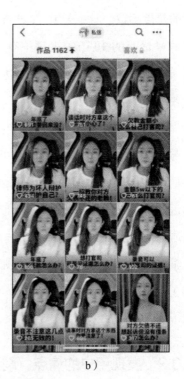

a）　　　　　　　　　　　　b）

图 1-2 "董红"账号主页

每个人在生活和工作中都会有各种各样的痛点。短视频创业者需要思考：我身上具备哪些优势？我能帮助用户解决哪些痛点？一旦找到这些问题的答案，账号定位也就清楚了。

也许很多人还在犹豫要不要运营短视频账号，赵宁老师给出的答案是"要"，而且要快！

为什么呢？原因主要有以下几点。

（1）短视频行业还在高速增长，流量红利还未释放完毕，未来一段时间内还有较大的发展空间。

（2）主流的短视频平台均采用智能推荐算法，只要你的内容能抓住用户的心，你就很有可能打造出爆款短视频。

（3）5G 时代已经到来，视频产业获得进一步发展是大势所趋，未来很有可能出现新的内容形式、新的平台。即便目前你在抖音、快手等头部短视频平台上做不出成绩，等你积累了丰富的创作经验、组建了成熟的团队后，你转移到新平台的速度也会比别人更快。

不要再等了，立即行动起来吧！

第 2 章

人设定位：形象塑造，标签精准

做短视频，第一步就是定位。定位是定海神针。定位就是定标准、定方向、定竞争力、定格局。做短视频一定要找准定位，不要今天发唱歌的视频，明天发跳舞的视频，也不要今天发去哪里玩的视频，明天发孩子的视频，这样做对未来的涨粉、变现没有任何好处。

人设就是你的标签。做短视频最怕的就是各个方面都普普通通，没有特点，这样很容易被淹没在茫茫人海中。有了明确的定位，你就可以让别人快速知道你是干什么的，如研究生、旅行博主、好物分享官、美食主播等。当粉丝清楚地知道你是谁、你的人生经历有哪些、你喜欢什么或讨厌什么时，你的人设就打造成功了。人设立起来了，粉丝才会对你产生信任感。

人设定位有三个要点：我是谁？我能创造什么价值？关注我能获得哪些好处？

为了明确人设定位，你要把自己的名字、容貌、举止、装扮、声音、言语等显著特征深深地植入粉丝的脑海，让你拥有更高的辨识度。

2.1 定好名，易识别

我们每个人出生的时候，父母都会给我们取一个名字，这个名字会成为我们行走于这个世界的第一个标签。在短视频平台上，短视频账号的名字也很重要。短视频账号的名字取好了，我们就有了一张醒目的互联网名片。

2.1.1 优秀的短视频账号名字的特征

下面以赵宁老师的抖音账号"西邮赵小赵—做最有温度的大学老师"为例进行说明（见图 2-1）。

图 2-1 "西邮赵小赵—做最有温度的大学老师"账号主页

　　"西邮"是西安邮电大学的简称，是我的工作单位，也是我最大的平台。我常说："离开了西邮，我赵小赵什么也不是。""赵小赵"这个昵称是学生给我取的，读起来朗朗上口，正着念、反着念都一样，既好记又好听。

　　为什么要加"做最有温度的大学老师"呢？因为我要加强自己人设的唯一性，使其标签化。加了这几个字后，你一下子就会对我有更进一步的了解：这是一位大学老师，而且是最有温度的老师。

　　举个例子，你问大家："世界第一高峰是什么峰？"大家异口同声地回答："珠穆朗玛峰！"你再问大家："世界第二高峰是什么峰？"大部分人都支支吾吾，回答不出来。你接着问大家："世界第三高峰是什么峰？"我敢保证，几乎所有人都回答不出来。这是一条普遍规律：绝大部分人都只记得第一是谁，不记得第二是谁，更不记得第三是谁。因此，要想让别人快速识别你、记住你，你就要瞄准某个细分领域，告诉别人你在哪个细分领域做到了第一。

赵宁老师在上课的时候经常问学员给自己的短视频账号起了什么名字，结果发现有 200 多个"花开花落"、200 多个"一生平安"、300 多个"山山水水"、近 1 000 个"上善若水"……这些名字本身没什么问题，但是作为短视频账号的名字，就没有太高的价值了，因为谁都可以起这样的名字。用户通过这些名字看不出你从事哪个行业、你是做什么的、你具备哪些优势、你能给他们带来哪些价值。如果你没能在第一时间让用户对你产生兴趣，用户就不可能对你有印象。

优秀的短视频账号的名字一般具备 4 个特征。

（1）好记。优秀的名字只需一眼就能让人记住，如"一禅小和尚""乡野小静"，个性突出且用字简单，读起来朗朗上口，即使不刻意记忆也能记住。

（2）好懂。好懂的意思是看到名字就立即明白这个账号的定位是什么，发布的短视频内容是什么，如"董红律师""教体育的××老师""祥叔聊管理""随手做美食"等。

（3）好搜。好搜是指用字、用词常见，在输入法中很容易打出来，不需要多次切换，并且在人们常规认知范围内，当用户需要某个方面的信息、在搜索框用关键词搜索时，可以快速搜索到账号。例如，当用户搜索"律师"时，很容易就可以找到"董红"账号。

（4）好传播。好传播是指当粉丝向别人推荐你时可以脱口而出，而且不需要向别人解释为什么要推荐你。

下面介绍一个给短视频账号取名字的常用套路。

地域或行业标签＋简单易记的称呼＋某个细分领域的第一

例如，"余国珍——你身边的通信专家"这个名字就十分简单明了，开门见山地告诉用户自己是做什么的；"乡野小静"表明自己来自山野，身边的人习惯叫自己"小静"；"白水花椒一姐"表明自己来自白水，花椒种得特别好，以至于被人称为"一姐"；"蓝田草莓冯哥"表明自己来自蓝田，擅长种草莓，别人都叫自己"冯哥"。上面列举的这些名字都很质朴，而且让人印象深刻。

2.1.2　短视频账号取名字的注意事项

给短视频账号取名字时尽量避免使用生僻字、拗口的英文单词，也不要使用人尽皆知、难以让用户产生深刻印象的四字成语。在短视频领域，占领用户的心智才是内容创作的第一要素。

我们的一位学员给自己的短视频账号取名为"陕北少安哥"（见图 2-2）。

提到"少安"，大家会想到什么？很多人都会想到《平凡的世界》。这部文学巨作深深地影响了几代人，也让陕西之外的很多人对陕北这片土地充满了向往。少安和少平是《平凡的世界》中的两个主人公，尤其是少安。少安是《平凡的世界》中最让人心疼的人物。他从少年、青年到中年，一直未曾

图 2-2　"陕北少安哥"账号主页

离开黄土高坡，没有离开他的双水村。他把自己的青春和热血，以及对土地深深的爱，都奉献给了陕北的这片黄土地。当看到"陕北少安哥"这个名字时，很多人会下意识地认为他和少安一样，对这片黄土高原充满热爱，和少安一样勤劳、朴实、善良。这就是一个好名字，它借用了典型人物的标签，一下子就能击中人心，让用户过目不忘。

除了前文介绍的取名字的套路，我们在取名字的时候还可以搜索同领域中比较出色的账号，研究这些账号的名字有哪些特点，在模仿别人的同时突出自己的特色。如果同领域中很多账号的名字比较相似，我们就要想办法创新，尽量避开重复度较高的非关键词。例如，"爱美食的阿胜哥""爱美食的阿静姐"和"爱美食的胜哥"，这三个名字里的"爱""阿""哥""姐"都属于非关键词，重复度又比较高，我们在取名字时尽量不要用。我们可以取名为"赵小赵探美食""董红教做饭"，这样取名字就能避免同质化的问题。

此外，短视频具有一定的媒体节目性质，所以从某种意义来说，一个内容优质、垂直度高的短视频账号相当于一个专栏节目。例如，教用户做饭的短视频账号相当于一个做饭节目，分享旅游体验的短视频账号相当于一个旅游节目。如果你实在想不出好名字，可以借鉴同领域的电视节目、广播节目、综艺节目等传统媒体节目的名字。采用这种方法取的名字不仅老少皆宜，而且往往显得比较有格调。

当然，我们还可以取具有一定价值属性的名字，如"创业指南""训练营""美文摘录"等，用户一看就知道这个账号能给自己带来什么好处，而且这些名字会显得账号的内容垂直度比较高。

一个好名字是你打开短视频创业大门后递出去的一张名片，至于你能获得多少流量，关键还要看内容质量，否则再好的名字也会淹没在众多短视频账号中。

2.2　正形象，易记忆

说到"正形象"，很多人首先想到的是人物形象。的确，对主打真人出镜的短视频账号来说，打造一个积极、正面、好看、垂直度高的主播形象可以极大地提升账号的吸引力。那么，对那些不需要真人出镜的短视频账号来说，形象就不重要了吗？显然不是。所谓"正形象"，不仅要正人物形象，还要正账号形象和内容形象。

例如，董红老师出镜时服装以正装为主，整体表现比较沉稳、严谨，这就是人物形象；固定元素是黄色的封面标题，这就是账号形象；内容聚焦于法律知识领域，这就是内容形象。

2.2.1　人物形象

人物形象也可以说是人设定位，下面分享一个关于人设定位的公式。

人设定位＝外表特征＋性格特征＋固定元素＋垂直领域＋人物关系

下面以抖音账号"董红"为例解读这个公式，如图 2-3 所示。

1. 外表特征：从着装到配饰风格统一

董红老师出镜时着装以衬衫、西装等正装为主；配饰十分简单，仅佩戴珍珠耳坠，没有其他配饰；发型为及肩长直发，发色是自然的黑色；整体形象非常干练、职业化，符合其律师身份。

主播的着装风格要与视频内容相匹配。例如，在传播传统文化的视频中，主播最好穿古装；在健身指导视频中，主播最好穿运动装。

配饰主要包括眼镜、帽子、胸针、项链、耳环、口罩等，风格要与主播的个性及着装风格保持一致。配饰只要搭配得好，也可以成为主播的个性标签。例如，一些测评类账号的主播喜欢穿一身黑色衣服，戴着帽子和口罩，虽然不露脸，但可以给观众带来一种神秘又可信的感觉，在某种程度上可以帮助这些主播从众多同类主播中脱颖而出。

2. 性格特征：性格鲜明且符合账号定位

主播的鲜明性格也可以成为短视频的爆点，提高账号互动率。不过，不能只关注主播性格而忽视账号定位。例如，董红老师在短视频中表现出来的性格是沉稳、严谨，非常符合普法账号的定位；如果她在短视频中表现出来的性格是活泼、可爱，反而与普法账号相对严肃的风格不匹配。

需要注意的是，塑造主播性格并不是要完全忽视主播本身的性格，人为打造一个全新的性格，而是从主播本身的性格中发掘有趣、有个性的亮点，然后适当地放大。例如，《乡村爱情》系列电视剧中的赵四说话时有点迟钝，嘴巴也会歪一下，这虽然只是一个小小的细节，但让观众产生了深刻的印象。每个人的性格中都有值得发掘的小细节，我们需要做的是发现它、放大它，而不是刻意打造一个全新的、不真实的性格。

图 2-3 "董红"账号主页中的作品

3. 固定元素：每期视频都会出现的记忆点

固定元素一般是主播个人的特有标签，可以是一句固定的台词、一套固定的服装、一件固定的配饰、一张固定的贴纸、一首固定的音乐、一个固定的拍摄视角。例如，董红老师的绝大部分短视频都是正面拍摄的，她像新闻主播一样正襟危坐，这就是她的固定元素。

固定元素并非不可改变，在一段时间内绝大部分短视频中均出现的元素即可视为固定元素。

4. 垂直领域：持续深耕某一领域

在任何一个短视频平台上，最核心的分发机制都是根据垂直度把不同的内容分发给相应领域的用户，所以内容的垂直度会直接影响作品的推送量。例如，董红老师无论在哪个平台上运营账号，都始终聚焦于普法领域。

短视频常见的创作风格和内容领域如表 2-1 所示，我们可以结合自身的实际情况选择适合自己的创作风格和内容领域。

表 2-1　短视频常见的创作风格和内容领域

创作风格	出镜人数	拍摄难度	内容领域
过程展示	1 人口述	中	制作、改造、维修、科普
Vlog 讲述	演员 + 口述	中	情感、旅游、生活
故事	不限	高	情感、幽默、娱乐
创意表达	不限	根据实际情况而定	幽默、炫技

5. 人物关系：用多人关系凸显账号特色

如果感觉单一主播出镜表现力不够，就可以通过多个主播之间的关系凸显账号特色。极具特点的人物关系也可以成为人物形象的重要元素，很多短视频账号凭借特点鲜明的关系标签吸引了大批粉丝。其中，最常见的就是夫妻、婆媳、兄妹、兄弟这种亲情关系。此外，还有闺密、同事、情侣、上下级等关系。只要关系标签明确、内容的故事性强，就可以成功地塑造人物形象。

2.2.2　账号形象

除了人物形象，账号形象也非常重要，账号形象涉及背景图、头像、账号名称、个人简介、作品等。其中，最重要的是下列 5 个要素，我们称之为"账号主页五件套"。

1. 背景图：符合账号定位，引导粉丝关注

背景图也被称为头图，是账号的重要展示窗口，也是个人或企业的一张名片。背景图要充分体现账号定位。例如，"西邮赵小赵—做最有温度的大学老师"账号的背景图与头像一致，都是一张带着温暖笑容的大头照，非常符合"最有温度的大学老师"这个定位，如图 2-4 所示。

图 2-4 "西邮赵小赵—做最有温度的大学老师"账号主页

2. 头像：清晰、突出特色

头像一定要清晰、突出特色。真人出镜的账号最好使用主播的照片，首选生活照，用证件照作为头像会显得过于正式，毕竟绝大部分用户刷短视频的主要目的是放松。例如，赵宁老师的短视频账号的头像就是她的生活照（见图 2-4）。虽然董红老师在短视频中一般都穿着正装、正襟危坐，但她的头像用了一张状态比较放松的生活照（见图 2-5）。

图 2-5 "董红"账号主页

3. 账号名称：人设 + 定位

账号名称在前面已经详细分析过了，取名字的要点是突出定位，简洁、好记、有辨识度。

4. 个人简介：优势 + 价值

个人简介要突出账号的优势及能给用户提供什么价值，增加账号的辨识度，让用户产生信任感。在图 2-4 中，"西邮赵小赵—做最有温度的大学老师"账号的个人简介突出的是其行业优势和专业背景；在图 2-5 中，"董红"账号的个人简介则从专业、流量、业务等维度强调自己的优势和价值。此外，如果经常开直播，也可以在个人简介中注明直播时间，为直播间引流。

5. 作品：风格统一，热门置顶

作品是指在账号主页展示的短视频，用户会通过这些对账号的类型、风格进行初步判断。因此，作品的风格要保持统一，让用户一眼就能看出该账号属于什么类型，作品风格是不是自己喜欢的。此外，流量比较大的热门短视频一定要置顶，它们就像代表作，是用户对该账号进行更深入了解的快速

通道。赵宁老师和董红老师的账号主页均将点赞量比较高的热门短视频置顶
（见图 2-6）。

a）   b）

图 2-6   热门短视频一定要置顶

只要将"账号主页五件套"打造到位，一个账号的形象基本就丰满起来
了，每一位进入该账号主页的用户都可以快速了解该账号的定位和特点，并
根据自己的需求决定是否关注该账号。定位明确的账号形象，有助于账号通
过短视频平台的推荐机制获得更高的权重。

2.2.3   内容形象

内容形象是指短视频内容带给用户的感觉，涉及短视频的内容方向、领
域，以及创意形式、拍摄手法、表达逻辑、背景音乐等。内容方向、领域通
常与账号定位一致，如美妆、美食、"三农"、幽默、情感等。这些比较大的

内容方向还可以进一步细分，例如，"三农"可以细分为乡村旅游、乡村生活、乡村振兴、农村日常、农村幽默等。创意形式也有很多种，如主播口播、剧情演绎等。拍摄手法主要是指镜头拍摄方式，如推镜头、环绕镜头、快切镜头、升降镜头等。建议初学者直接用固定镜头拍摄，这样拍出来的画面更加稳定，人物的镜头感也会更强一些。表达逻辑、背景音乐都属于剪辑的范畴，相关内容将在第5章中详细介绍。

正形象的核心目标是基于账号定位对人物、账号主页、作品内容等进行统一设计，让用户看一眼就知道该账号的定位并产生深刻印象。正形象也是个人品牌打造的重要一环。

2.3 贴标签，易传播

短视频平台会给每一位用户、每一个账号、每一条短视频做标记，以便平台算法进行精准推荐，这个标记就是我们常说的标签。除了让平台通过自动识别贴标签，我们还可以通过手动设置或刻意引导的方式为账号、短视频贴标签。

在短视频平台上，标签就像图书馆里的图书分类，用户通过标签可以在海量的短视频中快速找到自己需要的或自己喜欢的短视频，创作者通过标签可以把自己的作品快速、精准地推送给目标用户。因此，贴标签是为短视频争取更高权重、更多流量的必备技巧。标签贴得越精准，推广就越精准，获得的流量就越精准，变现就越容易。

通常来说，短视频平台上的标签可以分为三类，分别是账号标签、作品标签和粉丝标签。

2.3.1 账号标签

账号标签实际上就是前面反复强调的账号定位，一方面体现在前文介绍的"账号主页五件套"中，另一方面体现为账号经常发布的作品所属的类型及账号经常观看的视频所属的类型。因此，我们可以采用以下方法为账号贴标签。

1. 通过手动设置贴标签

以抖音平台为例，如果粉丝数达到 1 万以上，我们就可以直接给账号添加标签。具体的操作方法是：先进入"创作者服务中心"页面，再进入"创作实验室"页面，点触"创作者标签"图标即可选择标签。另外，我们还可以通过点触"标记相似作者"图标为账号贴标签，提升潜在用户的推荐精准度，如图 2-7 所示。

a)　　　　　　　　　　　b)

图 2-7　自主设置账号标签

需要注意的是，手动设置账号标签虽然方便快捷，但并不意味着账号就真的贴上这些标签了，对短视频平台的推荐系统来说，通过识别账号发布、观看的视频的话题、字幕、语音、人物等为账号贴上的标签才更加精准。因此，要想为账号贴上更符合自身定位的标签，通常需要经历一个"养号"的过程，即通过观看短视频、发布短视频慢慢地给账号贴上合适的标签。

2. 通过"养号"贴标签

"养号"这件事在注册账号的时候就要有意识地去做。刷短视频的时候要刻意地刷同类短视频，不仅要看完视频，还要点赞、评论、关注，这样平台才能更快、更精准地给账号贴上相应的标签。

此外，我们还要有规律地更新作品，内容要保持一定的垂直度。从发布第一条短视频开始，我们就要定期更新选定领域的垂直内容，在发布作品时添加相应的话题。这也是一个"养号"的过程，有助于平台给账号贴上合适的标签。

3. 通过巨量星图贴标签

巨量星图是基于创作者生态的一站式服务平台，可以触达今日头条、抖音、西瓜视频等多端创作者。创作者通过巨量星图与品牌合作可以提高交易效率，增强变现能力。我们在注册、登录巨量星图账号时也可以选择相应的标签。如果我们用今日头条、抖音或西瓜视频的账号直接登录巨量星图，这些标签就会被贴到这些平台的账号上。

巨量星图的审核机制比较严格，如果账号发布的作品的内容与我们选择的标签不一致，就无法通过审核。因此，我们一定要有规律地发布具有一定垂直度的作品。

2.3.2　作品标签

作品标签是指账号发布的短视频所具有的特点，平台会根据短视频的标题、图片、文字、语音、话题等多个维度为账号贴标签。一般来说，一条短视频的播放量达到 10 万次以上，平台就会根据短视频的内容特征给发布该短视频的账号贴上相应的标签。

我们也可以在发布作品前补充标签。以抖音平台为例，要想为作品贴标签，就要通过计算机发布作品：单击账号头像左边的"投稿"按钮，进入"创作者服务平台"页面，单击"发布稿件"按钮，即可进入发布页，标记作品内容，包括视频分类和视频标签等。标签越精准，作品被推荐给潜在目标用户的可能性就越高。

此外，一种更简单的方法是在发布作品时手动添加标题和话题，这些是平台给作品贴标签的重要依据，因此用词一定要精准。

2.3.3　粉丝标签

粉丝标签也可以理解为粉丝画像。短视频平台会根据关注同一账号的用户的属性给该账号贴标签。从创作者的角度来说，给账号定位的时候就要明确目标用户是哪些人，他们具有哪些特点，他们的兴趣点在哪里。正所谓众口难调，任何一个短视频账号都不可能吸引所有年龄段、所有职业的用户，只能根据自身定位锁定一部分用户。这就要求我们在创作短视频时一定要随时关注用户画像，根据粉丝属性分析他们的需求，进而创作出他们感兴趣的作品。只有这样，我们才能获得更精准的粉丝标签。

以抖音平台为例，精准的粉丝标签也有助于提升"上热门"（即以前的"抖＋"）的投放效果。我们在投放"上热门"时可以通过"自定义定向推荐"选项（见图 2-8）自主设置投放对象的性别、年龄、地域、兴趣标签、达人相似粉丝等，设置越精准，推送的流量就越精准。

图 2-8 "自定义定向推荐"选项

　　总的来说，贴标签的主要目的是更精准、更大范围地传播作品，而贴标签最有效的方法就是做好账号定位，定期发布具有一定内容垂直度的作品。账号运营一段时间后，我们就可以查看账号是否被贴上了合适的标签。以抖音平台为例，具体操作方法如下。

怎么查看账号是否被贴上标签

　　（1）点触主页上方的放大镜图标，在搜索框中输入"创作灵感"并搜索，在搜索结果页面中点触"标签"选项。如果系统推荐的标签内容与你的账号定位一致，就说明你的账号已经被贴上了合适的标签；如果不一致，就说明你还需要继续努力。

（2）切换到主页的"推荐"频道，平台推荐给你的短视频也带着平台给你的账号贴的标签，如果推荐内容的特点与你的账号定位一致，就说明你的账号已经被贴上了合适的标签。

（3）直接进入"作品数据详情"页面，这些数据也可以反映你的账号是否被贴上了标签及这些标签是否精准，如图 2-9 所示。

a)　　　　　　　　　　b)

图 2-9　作品数据分析

（4）用别人的短视频账号搜索你的账号，然后进入你的账号主页，点触"私信"按钮旁边的下三角按钮，就可以看到平台推荐的一些同类账号。如果这些账号与你的账号定位相似，就说明你的账号已经被贴上了合适的标签；如果这些账号的类型比较杂，就说明你的账号还没有被贴上合适的标签。

账号被贴上合适的标签，就相当于拥有了传播的利器，正所谓"好风凭借力，送我上青云"。到了这一步，短视频创业可以说已经渐入佳境，下一步要考虑的就是流量问题了。

第 3 章

流量运营：公域引流，私域转化

流量对短视频运营来说十分关键，前面做的所有工作，选择赛道也好，明确人设定位也好，都是为了更好、更精准地获取流量。流量就是短视频的价值，就是市场，就是商机。

从流量来源的角度来说，流量无外乎公域流量和私域流量两种，它们之间可以相互影响、相互转化。那么，如何才能做好流量运营呢？

如果是新账号，建议先在公域流量发力，形成一定的影响力，然后从中筛选出自己的粉丝，也就是私域流量。如果账号已经有了一定的粉丝基础，就要把运营的重心放在私域流量上，因为这些流量才是变现的主要力量。

3.1 公域流量的吸引

公域流量即平台流量，平台上的每个账号都可以通过发布作品、贴标签等方式获取流量。从这个角度来说，你在某个短视频平台上的粉丝并不属于你自己，而属于平台，这就是公域流量。不过，你建立的粉丝团、粉丝群里的粉丝属于你自己，这就是私域流量。

短视频平台的公域流量通常具有 3 个特点。

（1）获取方式简单。即使是新注册的短视频账号，也可以通过发布作品获取公域流量，而且几乎所有的短视频平台对零粉丝的新账号都有流量扶持政策，会将更多、更优质的流量分发给新账号，以帮助它们快速起号。此外，你还可以借助短视频平台的一些引流工具获取公域流量。

（2）黏性差。公域流量通常都是通过平台推荐这种方式刷到你的短视频的，如果这些流量没有转化为粉丝，你就很难再次触达这些流量。

（3）稳定性差。在公域流量池内，短视频的分发和推荐具有随机性，用户刷短视频也具有随意性，因此，同样的作品可能今天观看量高达几十万次，明天就可能只有几千次，甚至几百次。

虽然公域流量的获取方式比较简单，但归根结底，公域流量的分发权掌握在平台手中，短视频账号只能被动地获取公域流量。因此，要想获取更多的公域流量，我们就必须深入、全面地了解平台公域流量的分发机制。平台公域流量可以细分为平台主动分发的自然流量和账号购买的付费流量，这两种不同的公域流量背后的分发机制也有所不同。

3.1.1 自然流量的分发机制及吸引策略

自然流量的分发机制是基于内容和用户画像进行兴趣匹配，分批次推荐。

短视频发布后，短视频平台首先会把它推送给账号的粉丝，但并不是分发给所有粉丝，只有10%左右的粉丝会看到该条短视频。然后，平台通过算法，根据视频内容特征将其推送给相应领域的用户。如果第一次推荐的用户反馈较好，如点击率（播放量、推荐量）、点赞率、评论率、完播率、转发率、关注率均比较高，平台就会进行二次推荐，将其推荐到更大的流量池。其中，完播率、点赞率、评论率和转发率这4项数据是最重要的，它们是什么意思呢？以完播率为例，假设完播率是40%，就说明100个看到该短视频的用户中有40个用户看完了。点赞率、评论率和转发率也可以采用同样的方式理解。对平台的二次推荐来说，这4项数据的影响力从高到低排序分别是完播率、点赞率、评论率、转发率。这就是我们一直强调短视频创作者一定要努力提升完播率的原因。

整个分发和推荐过程是去中心化的，因此，即使是新账号或粉丝很少的账号，只要发布的短视频受到用户的欢迎，也有机会成为爆款。

账号只要发布作品就会进入自然流量池，受欢迎的作品将会进入更大的自然流量池，否则就只会被推荐到较小的自然流量池。除了短视频的完播率、点赞率、评论率、转发率，账号权重也会影响分发。所谓账号权重，就是账号在短视频平台的影响力和贡献度，是短视频平台判断账号是否属于优质账号的依据。前文提到的"养号"的根本目的就是提高账号权重。内容质量相同的短视频，由权重高的账号发布，肯定更容易获得平台分发的更多流量，上热门的可能性也更高。

通过作品的播放量可以直观地看出账号权重的高低。

（1）播放量低于 100，账号权重几乎为零，作品发布后往往只能获得平台分发的非常少的自然流量。

（2）播放量高于 100、低于 500，账号权重较低，作品发布后会被平台推荐到较小的自然流量池。

（3）播放量高于 500、低于 1 000，账号权重正常，作品发布后会被平台推荐到较大的自然流量池。

（4）播放量高于 2 000、低于 5 000，账号权重较高，作品发布后会被平台推荐到更大的自然流量池。

你可以通过以上数据判断自己的短视频账号权重如何，如果账号权重几乎为零，建议重新"养号"；如果账号权重较低，建议通过提高作品的原创度及点击率（播放量、推荐量）、点赞率、评论率、完播率、转发率、关注率等数据提高账号权重。

此外，短视频平台在分发自然流量时还会将作品自动推荐给账号粉丝、通信录好友、同城用户、标签用户等。要想获得这些流量，我们就要做手动设置，例如，授权短视频 App 访问手机通信录并在短视频 App 中开启"通信录好友可见"功能，开启账号定位功能，为账号贴标签等。

3.1.2 付费流量的分发机制及吸引策略

付费流量是指通过短视频平台的营销工具购买的流量，最常见的就是抖音平台的"上热门"，其分发机制取决于账号投放模式，一种是系统智能推荐，另一种是定向推荐。系统智能推荐就是你可以购买一定的流量，但由平台根据账号定位、内容特点等对流量进行智能分发。定向推荐则是由你自主设定投放对象，可细分为两种投放形式。

（1）自定义定向推荐。第 2 章中曾经介绍过，我们可以根据需要选择投放对象的性别、年龄、地域、兴趣标签等。

（2）达人相似粉丝推荐。这种投放形式可以将作品推荐给与你所添加的达人粉丝特征相似的用户。你所添加的达人粉丝画像越清晰，投放就越精准，效果也就越好。

从某种意义上来说，"上热门"只要有钱就可以投，但是如果作品质量不高，如画面模糊、时长在 3 秒以内、让人感到极度不适等，就不建议投放，否则很有可能无法通过审核。

说得更精准一点，"上热门"属于"加热工具"。也就是说，你已经有了一定的流量，但想获得更多的流量，推动作品成为热门短视频甚至爆款短视频，这时就是投放"上热门"的最佳时机。如果作品原本的播放量只有几百次甚至几十次，要想通过投放"上热门"提升流量，往往就难以实现。正所谓"好钢用在刀刃上"，花钱却不见效果的事尽量少做。要想让"上热门"的投放效果更好，就要通过观察短视频的各项数据准确判断它是否有成为爆款的潜力，然后决定是否投放。如果一开始难以判断，可以先少量投放，然后观察投放效果，再决定是否追加投放。

总的来说，花钱购买流量对大部分短视频创作者来说并不可取，更可取的方式还是通过创作更优质、原创、内容垂直度高的短视频，努力提高账号权重，进入更高一级的自然流量池，获取更多的公域流量。

3.2 私域流量的培养

私域流量是指能够直接触达并低成本反复触达的流量。例如，抖音小程序支持打通私域（私聊与群聊分享），并提供搜索、固定入口复访等功能，因此属于典型的私域流量池。最常见、最成熟的私域生态还要数微信朋友圈和微信群。

有赞新零售联合《哈佛商业评论》中文版发布的《2021 年度私域经营洞察报告》中提到了私域运营的四个趋势：一是私域已成为一个不可或缺的用户触达及运营阵地；二是用户长期价值得到了前所未有的彰显；三是零售商的线上线下场域正快速实现一体化融合；四是私域正成为新品牌、新产品孵化的最佳试验田。私域流量的价值由此可见一斑。

其实，私域流量的本质并不是流量，而是用户的精细化运营。私域流量池里的用户都是可以反复利用、免费触达的，这些用户沉淀在微信公众号、微信群、微信个人号、企业微信号等平台中。例如，赵宁老师有 12 个微信号，每个微信号里有近 1 万名好友，这些都是她的私域流量池，如图 3-1 所示。私域流量池的价值不可小觑。

a）

b）

c）

d）

图 3-1　赵宁老师的微信好友和微信群

私域流量对你有认知、有信任，而建立信任是营销的第一步。尽管用户看朋友圈的时间越来越少，但是微信已经成为每个人手机里最不可能删除的App 之一。这是因为我们的工作和生活已经离不开微信，我们身边的同事、亲人、朋友都在使用微信。微信是典型的私域流量池，只要你不是天天发广告或无价值的信息，微信就是你运营私域流量最好的工具之一。

怎么培养私域流量呢？先看一个公式。

> 私域 GMV（商品交易总额）= 流量 × 转化率 × 客单价 × 裂变率 ×
> 客户生命周期价值

在私域流量池里，我们要更加关注与用户进行有温度的连接，持续提升用户的关注度或复购率；更加关注客户生命周期价值（Customer Lifetime Value，CLV），即单个用户全生命周期的精细化运营。

3.2.1　与用户进行有温度的连接

与用户进行有温度的连接是指我们要塑造自己的人格魅力，使自己通过微信展现出来的形象更加真实，既有生活日常也有情绪变化，而不是只会在朋友圈或微信群里发广告、做推广，否则就成了只会卖货的微商。这种人格魅力往往来自讲故事尤其是讲日常故事的能力。

以赵宁老师为例，她每天会发不少于 20 条朋友圈。很多人惊讶于这个数目，也怀疑她怎么有那么多内容可以输出。但是，如果你加了她的微信，那么你肯定会被她的朋友圈所吸引，因为这些内容有温度、有热度、有价值。例如，她经常会整理课件并与大家分享。这都是价值的输出，也是她作为老师的专业能力的体现。再如，她会发短文，记录充满人间烟火气的故事（见图 3-2），这些最平凡的故事最能抚慰凡人的心。

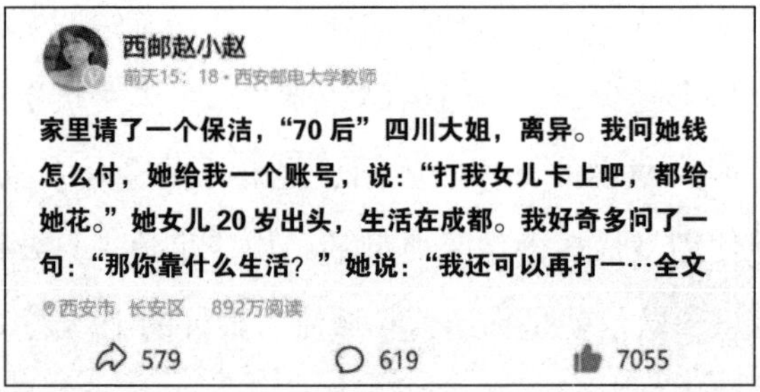

西邮赵小赵

前天15:18·西安邮电大学教师

家里请了一个保洁，"70后"四川大姐，离异。我问她钱怎么付，她给我一个账号，说："打我女儿卡上吧，都给她花。"她女儿20岁出头，生活在成都。我好奇多问了一句："那你靠什么生活？"她说："我还可以再打一…全文

⊙西安市 长安区 892万阅读

⊙ 579　　◯ 619　　👍 7055

a）

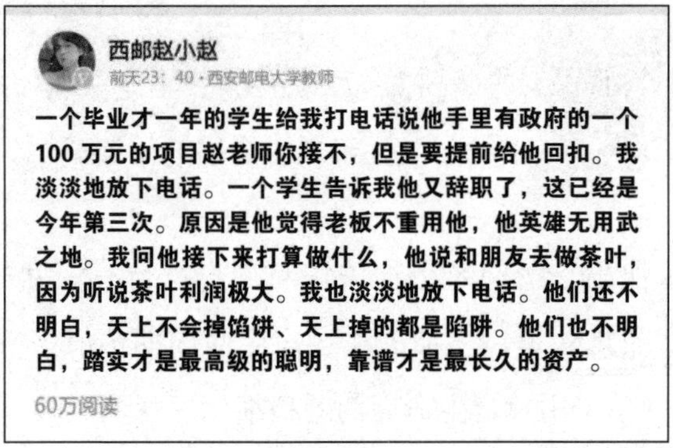

西邮赵小赵

前天23:40·西安邮电大学教师

一个毕业才一年的学生给我打电话说他手里有政府的一个100万元的项目赵老师你接不，但是要提前给他回扣。我淡淡地放下电话。一个学生告诉我他又辞职了，这已经是今年第三次。原因是他觉得老板不重用他，他英雄无用武之地。我问他接下来打算做什么，他说和朋友去做茶叶，因为听说茶叶利润极大。我也淡淡地放下电话。他们还不明白，天上不会掉馅饼、天上掉的都是陷阱。他们也不明白，踏实才是最高级的聪明，靠谱才是最长久的资产。

60万阅读

b）

图 3-2　充满人间烟火气的故事

2023 年春节期间，赵宁老师以"2023 回家过年"为主题持续在朋友圈和自媒体平台讲述她回乡过年的见闻和故事，获得了极高的关注度，如图 3-3 所示。

"我一会儿去菜市场给老头儿买饺子皮，他专门叮嘱我不要买五颜六色的，说有色素。""或许，这就是回家的意义，有人宠爱，有人依旧把你当孩子，即使我们已人到中年。""爸爸在包饺子，妈妈在给我们看老照片。时光啊，真的不经用。这一年年的时光流逝，多少光阴荏苒。"这些带着人间烟火气的文字都有较高的阅读量，在朋友圈里也获得了无数点赞。大家都喜欢看有温度、有热度的故事。我们总是关注英雄、关注强者，却忘了平凡也可以打动人心。平凡、真实的文字往往是最好的记录，也是与用户最有温度的连接，更是培养私域流量最有力量的工具。

图 3-3　赵宁老师以"2023 回家过年"为主题持续输出内容

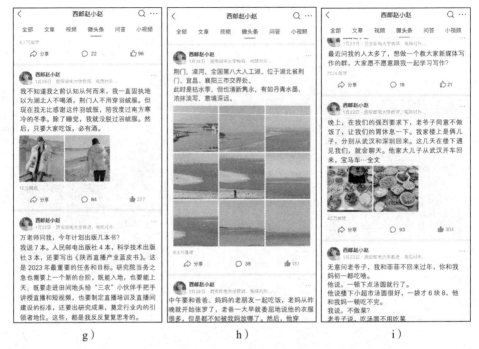

图 3-3　赵宁老师以"2023 回家过年"为主题持续输出内容（续）

3.2.2　CLV 精细化运营

有些人觉得，只要成功地打造出个人 IP，就可以进行流量变现，他们更关注的是当下的流量"收割"，做的不过是"一次性生意"。更多人尝试用服务转化的方式运营私域流量，例如，建立写作社群、读书社群等，在社群里为粉丝提供服务，以此完成变现。然而，这两种方式都无法满足个性化消费的需求，更难以获得更高的 CLV。简单地说，就是赚到的钱只是眼前的、有限的，并没有真正挖掘出私域流量的价值。

销售界有一句话广为流传："开发 10 位新客户不如维护 1 位老客户。"从表面上看，这是因为维护老客户的成本更低，但实际上是因为稳定、忠诚的老客户的价值要远远高于新客户，因为每一位忠诚的老客户背后都站着不止一位潜在客户。从 CLV 的角度来看，尽可能延长客户生命周期，不仅意味着更多的转化机会，还意味着更多的转介绍机会。

如何才能通过精细化运营延长客户生命周期，进而提高 CLV 呢？

1. 提升用户留存率

虽然用户流失难以避免，但要尽可能延缓用户流失的速度，让用户在私域流量池里尽可能待得久一些、活跃一些。最简单有效的方法就是不断地往私域流量池中扔"石头"，让它活跃起来。"石头"既可以是内容，如干货分享、语录、日常故事等；也可以是互动，如游戏互动、抽奖互动、问答互动等；还可以是产品，如新品尝鲜、库存清理、爆品赠送等。

2. 提升用户留存价值

如果你只是把用户留在私域流量池里，但他们并没有消费，复购率也很低，那么这对 CLV 的提高毫无意义。提升用户留存价值的关键在于提高用户的复购率和单次消费金额。这就需要基于用户需求分析对产品和服务进行精细化设计。例如，在读书社群最活跃的时间段内做"今日书单推荐"活动，在写作社群最活跃的时间段内推出"10 节线上课 +10 次线下一对一辅导"之类的高客单价服务。

在创业初期，以上两种技巧可以帮助运营者提高通过私域流量变现的能力。如果你的事业发展很快，私域流量的增长也很快，你就需要设计一种商业模式，而不是只把私域当作一种营销或销售工具。

通过好的内容与用户建立有温度的连接，永远是培养私域流量的第一步，也是最后一步。

3.3　如何找到 1 000 个"铁粉"

美国知名学者凯文·凯利提出了"1 000 个铁杆粉丝"理论。他认为，对作家、视频制作者、艺术家、音乐家、摄影师、设计师等创作者来说，只要能够找到 1 000 个"铁粉",就能以此谋生。他对"铁粉"的定义是"会购买你生产的任何东西的粉丝"。事实上,短视频创作者很难通过这个定义筛选"铁粉",毕竟从突破零粉丝到成功变现并不是一两天的事情,而是一个长期积累的过程。

我们可以进一步简化"铁粉"的定义,"铁粉"就是对你本人有认知或对你发布的短视频有共鸣并对你有一定信任度的粉丝。有认知、有共鸣、有信任度,就有了建立进一步关系的基础。

那么,如何从零开始找到 1 000 个"铁粉"呢?"铁粉"喜欢的要么是人,要么是内容,所以要想找到"铁粉",就要从人品和作品两个维度出发。

3.3.1　打造个人 IP,输出"人品"

诗歌《喜欢一个人》中有这样一句话:"始于颜值,陷于才华,忠于人品。"这句话说出了很多"铁粉"的心里话。如果粉丝忠诚地追随某个人,一定是因为折服于其人品,而不是其他。我们往往将"人品"这个词理解为道德修养,但实际上它可以扩展到人生态度、价值观、性格特征等方面,它也是个人 IP 的核心元素。

第 2 章中已经详细介绍了如何通过短视频打造个人 IP。个人 IP 就是我们在短视频平台输出的"人品",打造个人 IP 的过程也是积累粉丝的过程。在这个过程中,我们可以利用自己从事的专业吸引目标用户。例如,董红老师通过分享案例、故事进行普法,吸引了很多对她十分信任的"铁粉",他们会在她的短视频、直播间的评论区留言"喜欢你""永远支持你""信任你分享的产品"等。我们也可以将线下用户引导到线上。例如,赵宁老师作为西安邮电大学教师,在线下已经有了一定的知名度,有了一些对她本人有认知和信任度的用户,她在做短视频运营时首先会把这些人转化为"铁粉"。

3.3.2 创作垂直度高的作品，输出内容

短视频的内容要有一定的垂直度，只要持续、高质量地输出内容，就可以不断地积累粉丝。在粉丝量由少变多的过程中，一旦出现爆款短视频，粉丝量很可能会在短期内突破 1 000、1 万、10 万甚至 100 万。有了粉丝，就不愁找不到"铁粉"。因此，坚持输出高质量内容是找到"铁粉"的必经之路。

粉丝对你发布的短视频有了信任度，就会对你推荐的产品产生信任度，更愿意花钱购买。那么，是不是只要内容足够好，粉丝就会对我们产生强信任度呢？我们要记住，作品是物，用户是人，能够打动人的只有人。因此，不管你输出的内容质量多高，都不要忘记在发布作品后及时回复评论区的留言，尤其要与经常发表评论、能与你产生共鸣的粉丝进行紧密互动，增强其黏性，这样就能慢慢地培养一批"铁粉"。

找到"铁粉"只是第一步，要想让"铁粉"真正地创造价值，还要学会"宠粉"，否则"铁粉"迟早也会流失。某千万粉丝博主在分享"铁粉"运营经验时坦言她喜欢给粉丝送礼物，如一本书或粉丝喜欢的某样东西，她会非常用心地准备。此外，她还会通过一对一咨询、线下论坛等方式为"铁粉"提供专属服务。

从某种意义上来说，"铁粉"已经不再是粉丝，而是我们的"贵人"，是我们需要用心相处的朋友。"铁粉"创造的价值远远超过凯文·凯利所说的"购买你生产的任何东西"，他们甚至愿意为你发声、为你代言，他们的现身说法可以帮助你吸引更多的"铁粉"，带来更大的价值。

如果你已经有了"铁粉"，不管 1 个还是 1 000 个，你都要用心与其相交，而不能只盯着对方口袋里的钱。

第 4 章

平台选择：流量够大，容易变现

短视频创作者应该选择抖音还是快手，或者其他平台？

目前，短视频行业的战局已经逐渐明朗：抖音、快手两强相争，视频号、哔哩哔哩、西瓜视频、小红书等平台奋起直追。

对短视频创作者来说，各个平台之间的竞争越激烈，机会反而越多。这些平台要抢流量，首先就必须抢内容、抢创作者，势必会扶持优质的内容、优秀的创作者。对以商业变现为目标的短视频创作者来说，抖音、快手、视频号、西瓜视频、小红书等平台都是非常不错的选择。

短视频创作者可以同时入驻多个平台，构建账号矩阵，打造个人 IP 和影响力，但主营平台只能有一个，否则流量过于分散，反而不利于打造个人IP。短视频创作者应该根据自身的爱好和优势选择主营平台。

短视频平台的算法决定了其核心玩法是短视频找人，而不是人找短视频。因此，选择平台的核心原则是根据自身定位明确目标用户，然后看这些用户集中在哪个平台上。此外，短视频创作者还要考虑不同平台的流量、变现难易程度、平台规则和玩法，这样才能选出更适合自己的主营平台。

4.1 抖音平台的规则与玩法

抖音的日活跃用户高达 6 亿，是当之无愧的短视频行业第一平台。虽然目前抖音用户增长放缓，但庞大的流量池已经形成。而且，在电商布局脚步加快的态势下，抖音仍然是短视频创作者绕不开的重要平台。

4.1.1 抖音平台的规则

抖音致力于打造一个健康、和谐、开放、友爱的生活分享平台，规范、平等、积极的社区环境对用户和平台均有重要意义。要想做好抖音运营，就要掌握平台规则。

1. 抖音审核规则

依据相关法律法规，为了维护公序良俗，抖音平台对内容做了一些硬性要求，这是抖音运营不能触碰的红线。2022年9月13日，抖音发布的《抖音社区自律公约》对暴力和犯罪行为、侵犯人身权益、违法与不良内容、不实信息、违反公序良俗、违反知识产权保护、侵害未成年人权益、虚假与不诚信行为、危害平台秩序与安全等红线做了具体规定。抖音采用机器和人工双重审核机制，对用户发布的内容进行审核，以过滤平台禁止的内容。因此，我们在抖音平台上创作短视频前必须学习公约内容，确保不触碰红线。

如果短视频中有必要出现一些可能触及红线的字词，但整体内容是积极向上的，就要对这些字词进行特殊处理，如用符号代替、打码等。

此外，带有广告的短视频可以采取口播的形式，这样更容易通过审核。有一点一定要注意，抖音平台明确禁止在短视频中添加标志。因此，无论合作方的品牌标志还是自有品牌标志，都不能添加到短视频中。很多短视频创作者忽视了这一点，觉得这是自己的标志，不算广告，但短视频发布后才发现推荐量非常少。

2. 抖音倡导规则

倡导规则是抖音为短视频创作者提供的正向引导，可以告诉创作者什么样的内容属于平台认可的优质内容，创作什么内容可以提高账号权重。

💡 抖音倡导规则

（1）我们呼吁建立平等、友爱的抖音社区，尊重抖音社区内的其他用户。关爱未成年人群体，关照老年人群体，尊重性别平等；不攻击、谩骂、侮辱、诽谤、歧视他人，不侵犯他人合法权益，共同营造温暖和谐的社区氛围。

（2）我们鼓励原创、优质的内容。建议减少拼接网络图片、粗劣特效、无实质性的内容，创作画质清晰、完整度高和观赏性强的作品。

（3）我们提倡记录美好生活，表达真实的自己。建议真人出镜或讲解，避免虚假做作、博人眼球的伪纪实行为，避免故意夸大、营造虚假人设。

（4）我们建议重视文字的正确使用。避免出现错别字，减少用拼音首字母缩写表达，自觉遵守语言文字规范。

（5）我们倡导尊重劳动成果、勤俭节约、合理饮食，避免炫耀超高消费，反对餐饮浪费。

（6）我们建议提高网络安全防范意识，对网络交友、诱导赌博、贷款、返利、中奖、网络兼职点赞员等网络诈骗高发领域及行为应提高警惕。如发觉异常，可随时向平台举报。

（7）我们鼓励发布经过科学论证的内容，不造谣、不传谣。我们鼓励经济、教育、医疗卫生、司法等专业人士通过平台认证发布权威、真实的信息，分享专业知识，促进行业繁荣。

3.抖音消重规则

消重规则的作用是保护原创，避免抄袭搬运。消重规则是审核规则的延伸，目的是保护知识产权，规避虚假、不诚信行为。用户上传短视频后，抖音平台会对其进行一次消重。抖音平台通过对短视频关键帧和音频的抽取，对标题、文本、画面、人物、声音、音乐等内容进行审核。一旦认定涉嫌抄袭，抖音平台将对用户上传的短视频进行屏蔽或不予推荐。

4.抖音推荐规则

要想让发布的作品获得更多的流量，就要了解抖音平台的推荐机制，尤其是基础流量、叠加推荐和时间效应。

（1）基础流量。抖音平台的流量分配机制是基于"机器算法＋人工"双重审核的去中心化智能推荐，每个作品都有一个基础流量池。每一条通过抖音平台审核的短视频，平台都会进行随机推荐，通常推荐到附近、关注、好友等初级流量池。

（2）叠加推荐。抖音平台会对优质内容进行二次推荐，增加复播率，也就是叠加流量。在其他短视频平台上，账号的粉丝量越多，流量就越多，但抖音将关注和推荐区分开来，并参照完播率、点赞率、评论率、转发率等数据综合评价用户上传的短视频在流量池中的表现，再根据分析结果判定是否将其推荐到更大的流量池。

（3）时间效应。用户发布短视频后一定时间内，抖音平台会对同类短视频实行"赛马机制"，随机、多次将其分配到相关流量池中进行测试。在时间、流量池等变量都相同的前提下，表现越出色的短视频获得的叠加流量越多。

4.1.2　抖音平台的玩法

《2022抖音热点数据报告》显示，2022年抖音平台每月有超过100万条视频成为热点，其总播放量每月高达4 000亿次。热点视频的背后是抖音平台的玩法。

1. 内容创作的玩法

抖音的口号是"记录美好生活"，抖音倡导用户把生活中有趣、美好的内容展现出来。无论坚持跳操的刘畊宏，还是冬奥会上闪耀世界的谷爱凌，都成了2022年抖音创作的热点，而他们也反映了人们对美好生活的向往和追求。我们持续努力打造"三农"达人，如"乡野小静""陕北少安哥""洛川火哥""西北娃贝贝"等，他们创作的乡土气息浓郁、展示美好乡村生活的短视频也收获了无数点赞，吸引了众多粉丝。可见，抖音内容创作的核心玩法就是关注、记录美好生活。无论国家大事还是生活日常，只要是美好的，都值得创作，都有机会成为热点。

2. 传播引流的玩法

抖音的用户以城市人群居多，偏年轻化，热衷于传播热点事件。与此同时，抖音的流量来源比较多，粉丝可能会同时关注很多人，相对来说忠诚度不高。

鉴于抖音的这些特点，我们在抖音平台上创作短视频时一定要善于关联热点事件，从标题、话题、定位等维度借力热点，争取让自己的作品获得更广泛的传播。此外，我们还可以巧妙地"偷"流量，例如，在热门短视频下方发表评论，创作与热门短视频思路相似的作品等。总之，抖音平台传播引流的核心玩法就是"蹭热点"。

当然，我们还要想办法巩固流量，提高粉丝的忠诚度。最基础的方法就是持续创作优质内容，更高级一些的方法是将粉丝引入私域流量池。有关私域运营的技巧将在第 7 章中详细介绍。

3. 流量变现的玩法

抖音平台上的消费人群偏年轻化，大部分人的购买力并没有那么强。因此，在抖音平台上带货要尽量控制客单价，客单价越低，销量一般越高。当然，客单价高一些也不是不可以，但账号及主播人设的层次和品味都要高一些，这样才能吸引有购买力的用户。

抖音流量变现的模式已经非常成熟，我们只需结合用户画像和自身优势选择合适的变现模式和途径即可。流量变现的模式和途径将在第 7 章中详细介绍。

4.2 快手平台的规则与玩法

快手的日活跃用户达 3 亿，虽然只有抖音的一半，但已经远超其他短视频平台，毫无疑问处于短视频行业的第一梯队。尽管有人说快手平台的内容质量参差不齐，但在抖音平台被头部账号"霸屏"的形势下，入局快手也不失为良策。尤其是对"三农"领域的创作者来说，快手平台对"三农"题材内容的支持力度比较大，而且其用户集中在三四线城市和乡镇，因此是非常不错的选择。

4.2.1 快手平台的规则

快手平台将自身定位于"一个高质量的有趣生活分享平台"，它也有自己的规则。短视频创作者只有在相关规则之下创作、发布作品，才能成功地获得收益。

1.《快手社区管理规范》

《快手社区管理规范》对用户发布的信息和用户行为，包括但不限于短视频、直播、图片、标题、评论、弹幕、字幕、背景音、表情包等，进行合规审核和管理。

（1）不得制作、复制、发布、传播违法违规内容，包括但不限于攻击、破坏、违反国家法律法规及政策制度的内容，损害党和国家尊严与利益的内容，破坏领导人、革命领袖、英雄烈士名誉及形象的内容，传播恐怖主义、极端主义内容或煽动实施恐怖主义及暴力犯罪活动的内容，传播淫秽色情低俗的内容，侵犯他人合法权益的内容，直接或变相发布违法违规经营类信息等。

（2）不得制作、复制、发布、传播含有违公序良俗的不良信息，包括但不限于低级趣味、有伤社会风化、诱导低俗的内容，血腥暴力、恐怖惊悚、残忍等易引起感官及心理不适的内容，有不良价值观、不良导向的内容等。

（3）不得制作、复制、发布、传播影响未成年人身心健康成长的不良信息，包括但不限于影响未成年身心健康成长的违法行为及不良内容，可能诱导未成年模仿或不适合未成年人参与的行为及内容等。

（4）不得制作、复制、发布、传播破坏快手平台秩序的不良信息或行为，包括但不限于利用平台散布骚扰信息、实施骚扰他人的不当行为，传播、实施侵犯平台权益或破坏平台秩序的行为等。

《快手社区管理规范》对违规处理方式也做了具体规定。

（1）违规内容处理：禁止被评论、限制播放范围、删除等。

（2）违规账号处理：禁言、禁止被关注、限制播放范围、冻结账号、冻结或扣除账号内部分或全部资产等。

（3）违规直播处理：中止播放、限制权限、冻结账号、冻结或扣除账号内部分或全部资产等。

2.《快手商城管理规范》

2022 年 9 月 6 日，快手正式发布《快手商城管理规范》，该规范于 2022 年 9 月 13 日生效。该规范不仅对商户、商品提出了准入要求，还对商城展示内容提出了准入要求。

（1）商户要求。须为平台正常经营店铺，即符合《快手小店招募规则》《个体工商户店铺入驻资质标准》《快手电商企业店铺招商标准》等相关经营准入要求；店铺购物体验星级≥4星；店铺及其关联店铺不存在因出售假冒商品、店铺商品存在质量问题等严重违规被处置的历史记录。

（2）商品要求。商品状态正常，符合《快手小店商品信息发布规则》《快手进口电商商品发布规范》等发布要求；商品价格正常、稳定，不存在调整价格频率过快、幅度过大、价格虚高等情形；商品状态稳定，不存在大量重复铺货、频繁上下架等情形；商品类目正确，不存在类目乱挂、"挂A卖B"等问题；商品不存在严重投诉、买家因品质退货、纠纷、差评等问题。

（3）带货达人要求。首先，带货达人账号要符合平台各项规则的相关规定。其次，带货达人账号及关联账号不存在违规宣传医疗功效、虚假承诺福利、违规价格营销、推广禁限售和假冒商品等严重营销违规问题，不存在严重用户投诉、纠纷及行政管理部门处置、舆情等问题。

（4）内容（短视频/直播）要求。内容符合平台各项规则的相关要求，专业、真实、有趣，不得出现虚假宣传、推广禁限售商品等违规情形，不存在观感不适及不符合商城特性的内容，符合主题积极、主体明确、图片清晰等特征。若商家存在商品标题、图片质量差，商品退货率、差评率、购物体验星级指标异常，商城将采取屏蔽的管控措施。带货达人宣传内容若出现违法违规、虚假夸大、低质量营销、擦边低俗等情况，也将按违规处理。

4.2.2　快手平台的玩法

快手的很多规则和玩法与抖音类似，推荐算法都是先审核再智能分发，如果短视频的完播率、评论率、点赞率、转发率等数据不错，就有机会上热门，获得更多的推荐。不过，在内容创作、传播引流、流量变现等方面，两个平台存在一定的差异。抖音上的热门短视频在快手上不一定能够成为热门。下面具体分析快手平台的玩法。

1. 内容创作的玩法

快手的用户大部分来自三四线城市，女性用户比男性用户多。

相比抖音，快手更加注重社交和个体。"说说""聊聊"等功能有助于增强账号与粉丝的互动及粉丝的黏性，因此，快手粉丝的黏性和忠诚度都比较高。作为"老铁""666"文化的诞生地，快手的绝大部分用户更看重发布内容的人，内容反而处于次要位置。因此，快手上的内容要突出人的特性和价值。

2. 传播引流的玩法

快手在流量分发上强调公平普惠，所以分发机制是分散、下沉、去中心化的，即使是尾部的小号，也有机会获得较多的流量。由于社交属性更强，因此快手主打"关注"页。这一点与抖音不同，抖音主打"推荐"页。相关数据显示，在快手平台上，粉丝至少有30%～40%的概率可以看到自己关注的账号发布的短视频。从这一点来说，短视频创作者在运营快手账号时一定要重点关注用户画像，关注粉丝的兴趣点，增强与粉丝的互动，让"老铁"帮你传播引流。

3. 流量变现的玩法

快手平台的变现机制比抖音平台弱一些，毕竟强社交属性下账号积累的黏性较强的私域流量变现能力相对有限，好在快手平台已经注意到了这一点，一直在完善平台的变现模式。

快手平台上流量变现的核心模式是直播和电商带货，信息流广告的变现能力比抖音平台弱一些。对短视频创作者来说，如果没有合适、稳定的货源，在快手平台上变现比在抖音平台上变现难一些；但如果有自己的货源或线下实体店，变现就相对容易一些。

4.3　微信视频号平台的规则与玩法

提到短视频平台，大部分人首先想到的可能是抖音和快手。但自诞生起就自带微信生态巨大流量红利的视频号拥有无限的可能和机会。微信视频号官方透露，2022年微信视频号用户总使用时长已接近朋友圈的80%。考虑到微信用户多达12亿，这个数字非常可观。在这项数据的基础上，微信视频号也开始布局电商，帮助用户完成流量变现。因此，如果你已经错过了抖音和快手的红利期，不妨重点关注微信视频号，也许能够快速突围。

4.3.1　微信视频号平台的规则

微信视频号还没有像抖音、快手那样发布官方规则，但用户必须遵守与短视频相关的法律法规，这些都是绝对不能触碰的红线。具体到运营环节，微信视频号有一些具体的规则和要求。

微信视频号的定位是"一个人人可以记录和创作、全开放的平台"，倡导有序注册账号，一个微信号只能注册一个视频号，账号名字要与发布的内容相匹配，而且不能与系统已有的名字重复。

1. 内容运营规则

在创作、发布作品时，微信视频号创作者不仅要遵守与短视频、直播相关的法律法规，还要重点关注《中华人民共和国广告法》（以下简称《广告法》），维护公序良俗。除了短视频平台普遍适用的规则，微信视频号创作者还要重点注意以下几点。

（1）内容中不能出现硬性广告，封面不得出现营销字眼，否则作品会被删除。

（2）每天发布的短视频不宜过多，以1～3条为宜，不能搬运视频，更不能恶意引导用户点赞，否则会被限制流量，严重的可能会被封号。

（3）不得诱导用户分享、关注、点赞和评论，包括但不限于邀请好友拆礼盒、集赞、分享可增加一次抽奖机会等。

2. 推荐规则

基于微信生态成长起来的视频号，与抖音、快手等独立的短视频平台在推荐机制和规则上有很大的不同。

（1）社交推荐，即基于账号及粉丝的社交关系推荐。例如，你在微信视频号上发布作品后，你的微信好友会收到推荐。如果你的微信好友为你点赞、关注、评论、转发，平台就会认为你的这位好友喜欢你的内容，他的微信好友也有可能喜欢你的内容，然后把你的作品推荐给他的微信好友。

（2）兴趣推荐，即根据用户喜好、标签、搜索等推荐。虽然听起来和抖音、快手一样，但实际上微信视频号的算法不局限于视频号本身，而是覆盖整个微信生态，包括微信公众号、朋友圈、微信群等。你在这些地方发布的信息，都有可能影响微信视频号推荐给你的内容。

（3）定位推荐，即基于手机定位的地理位置推荐同城内容。这一点与抖音、快手等短视频平台差不多。

4.3.2　微信视频号平台的玩法

微信视频号平台的玩法主要是用私域流量撬动公域流量及熟人社交。例如，你是我的微信好友，你给我发布的短视频点了一个赞，你的所有微信好友都会看到你给我点了一个赞，其中一个人因为好奇看了我的短视频，又给我点了一个赞，他的所有微信好友也会看到。因此，微信视频号平台上的传播基于熟人社交，你能看到我的短视频是因为我们是微信好友，我们要么是线下认识互加好友，要么是朋友推荐互加好友，相互之间有一定的信任基础。

1. 内容创作的玩法

由于是熟人社交，因此大家在玩微信视频号时都会比较谨慎，注重正能量。无论创作者还是观看者，都不想因为一条视频、一个点赞、一句评论就影响自己在朋友圈里的风评和口碑。因此，微信视频号的内容审核机制更加严格，用户创作时要更加注重内容的价值。

微信视频号平台并没有明确规定用户可以发布的视频是短视频、中视频还是长视频，对视频时长没有限制。但微信视频号平台上的视频目前仍以短视频为主，毕竟推荐机制对完播率也有一定的要求。因此，在运营微信视频号的初期，建议多创作 15 ～ 30 秒的短视频。

2. 传播引流的玩法

运营微信视频号一定要把微信用好、用透，尤其是在传播引流环节，最核心的玩法就是借助微信生态中的各种工具。

发布作品后，你先自己给自己点赞，然后分享到朋友圈、微信群，邀请朋友点赞的时候一定要提醒他们看完视频，提高完播率。同时，尽量不要刷赞，频繁刷赞或有赞却没有播放量，都有可能会被平台判定为作弊，甚至停止推荐。

微信视频号和微信公众号互推也是非常不错的玩法。微信公众号文章可以直接加入微信视频号内容及微信视频号小程序。对微信公众号已经有可观粉丝量的运营者来说，这一点非常有利。

此外，还有微信视频号互推，在标题、文案、评论中使用"@"功能相互引流等玩法，这些都属于短视频平台的常规玩法。

3. 流量变现的玩法

微信视频号的用户年龄比抖音和快手大一些。据官方透露，"85 后"女性最喜欢在微信视频号中展现自己的生活，也最爱观看、分享微信视频号的内容。因此，微信视频号用户的消费能力比抖音和快手用户强一些，更适合销售养生类商品，客单价也超过了抖音和快手。

微信视频号自带变现模式，例如，导流到微信公众号、微信好友或微信群就可以完成私域变现，或者直接引流到基于微信小程序的个人店铺或其他店铺，还可以通过付费或打赏获得收益。微信视频号在商业广告变现方面的能力弱一点，主要原因在于平台和用户都不希望视频中出现广告，但这种变现模式仍具有一定的潜力，未来要看平台如何规划和布局。

4.4 小红书视频号的规则与玩法

继微信视频号后，以图文内容为核心的头部"种草"社区小红书也推出了视频号，正式入局短视频带货。小红书上的创作者都可以发布视频，但只有满足一定条件才能申请视频号，获取视频号权益。因此，小红书视频号并不能算是一个平台，而是一项权益，但因为背靠小红书平台的庞大流量，预计未来会有很大的发展空间。

小红书的用户以女性居多，专注于分享和"种草"。如果粉丝十分精准，即使粉丝量不到 1 万，也能通过发视频或笔记得到品牌方的认可，接到广告。因此，短视频创作者尤其是女性创作者可以好好了解一下小红书视频号的规则和玩法，可能会获得比其他短视频平台更高的收益。

4.4.1 小红书视频号的规则

小红书视频号作为小红书平台给用户的一项特殊权益，并不是所有用户都能拥有的，只有满足一定的条件才可以开通。

1. 小红书视频号的权益

小红书视频号的权益如下。

（1）视频号专属流量扶持。

（2）视频时长增至 15 分钟。

（3）可定时发布，提前设置发布时间。

（4）可上传本地相册的自定义视频封面。

（5）可以创建视频合集，聚合同一主题系列视频。

（6）可以在视频进度条上添加章节。

这些权限看起来似乎并没有多大的吸引力，但由于小红书平台本身的变现能力非常强，因此获得平台重点扶持的视频号的变现潜力非常大。小红书官方宣称将拿出百亿流量、商业化资源及现金扶持视频号，包括但不限于"薯条"奖励、现金奖励、运营一对一专业指导、商业合作有限推荐、优秀作者独家签约等。

2. 小红书视频号的申请条件及申请路径

了解了小红书视频号的权益后，我们还要了解相关的申请条件。

（1）站内作者报名条件：完成个人实名认证；小红书粉丝量≥500；发布 1 分钟以上的视频≥1 条（拥有超过 1 条原创视频的创作经验）；遵守小红书社区规范，无社区违规行为。

（2）站外作者报名条件：哔哩哔哩平台粉丝≥5 万；西瓜视频或 YouTube 平台粉丝≥10 万；抖音或快手或微博平台粉丝≥50 万。

小红书视频号的申请路径：打开小红书 App，切换到"我"页面，点触左上角的三横线按钮，在弹出的菜单中点触"创作中心"选项，进入"创作中心"页面，点触"视频号成长计划"卡片，进入小红书视频号申请页面，点触下方的"我要报名"按钮，填写资料并提交。审核结果可在"消息"页面中查看，成功开通后，"创作中心"页面上方头像旁边将出现"视频号"标识。

开通小红书视频号后，我们在小红书平台的其他权益不会发生变化，视频发布路径也不会改变。需要注意的是，在小红书视频号的内测阶段，有一些不符合申请条件的账号也获得了开通权限，并成功开通了小红书视频号。但是，有的账号没有完成实名认证，有的账号粉丝量不达标。如果你的账号也存在类似情况，就要对照小红书视频号的申请条件逐一核查，确保自己的账号已经满足所有条件，否则可能会被平台限制流量。

4.4.2 小红书视频号的玩法

作为"种草"社区，小红书从诞生起就围绕着商品推荐做内容，而且小红书的很多用户也是因为想要发现、购买好物才关注和使用这个平台的。鉴于小红书平台的特性，小红书视频号的玩法与其他短视频平台有明显的不同。

1. 内容创作的玩法

相比其他短视频平台注重有趣、有"颜值"、有价值的内容特性，小红书视频号更注重"有需求"，内容主要围绕生活展开。小红书平台希望用户展现积极、健康的生活方式，内容主要集中在美妆时尚、旅行探店、养生种草、知识学习等领域。用户不太关注你是否在卖东西，更关注这个东西怎么用、好不好用、是不是自己想要的。因此，小红书视频号内容创作在好物使用场景的呈现、镜头美感等方面的要求都比较高，创作者一定要营造"这就是我想要的"或"真好，我也想要这样"的氛围感。

在内容主题上，你完全不用担心因为营销而被限制流量，放心大胆地以营销号的形象出现也完全没有关系。只要你推荐的东西真的好，你的视频真的好看，就能获得更多的流量、更高的收益。

2. 传播引流的玩法

小红书平台传播引流的玩法几乎百分之百依靠内容质量，没有营销推广工具，权重倾向也不明显。即使是只有几十个粉丝的小博主，或者许久未更新内容的账号，只要某一条笔记内容足够好，也能获得推荐。从这一点来说，小红书的推荐机制比其他短视频平台更加公平。

3. 流量变现的玩法

在小红书平台上做运营不用过于担心流量变现的问题，你只需要做好内容，不断地沉淀流量就可以了，因为小红书平台上的流量自带变现属性。目前，小红书平台的变现模式仍然以"种草"营销和带货为主，模式比较有限。不过，在推出视频号后，未来小红书将持续探索更多元化的变现路径。

总之，对想要快速变现并拥有发现美、打造美的能力的短视频创作者来说，小红书视频号是进入短视频行业的一个好选择。

第 5 章

爆款运营：打磨内容，互动引流

很多人做短视频都会陷入一个误区：一定要有高配相机、专业的拍摄团队、外貌出众的主播，才能做出爆款短视频。短视频行业是一个可以让普通人走到聚光灯下的舞台，有明确的定位，输出有意思、有笑点或泪点、能获得用户认同感的作品才是关键。

做短视频最重要的事情就是打磨内容。内容好，点赞数自然就会高，因为用户想要回看；内容好，转发率自然就会高，因为用户会分享给亲人、朋友，独乐乐不如众乐乐；内容好，上热门自然就容易，上了热门就能涨粉，涨了粉就可以直播带货、获得打赏。

优质短视频的标准：画面清晰干净，场景不乱；封面突出看点，贴近主题；背景音乐恰当，杜绝低俗；标题契合内容，简单明了；视频尺寸合适，突出主题；内容原创完整，主题鲜明；题材有记忆点，画风稳定；品牌化经营，人格化表达。

有了优质的内容，创作者还要做好互动引流。短视频平台的多次分发机制是基于前一次分发的数据反馈决定下一次分发的流量。因此，创作者在作品发布后还要努力改善核心指标，及时回复留言，增强用户黏性，进入更大的公域流量池，争取做出爆款短视频。

5.1　爆款短视频的选题如何定

在既定的账号定位下，每一条短视频都应该表达思想。这里所说的"思想"就是短视频的选题。选题好，即使拍摄、剪辑技术稍有欠缺，做出爆款短视频的机会也会比较大。因此，打造爆款短视频的第一步就是确定选题。

下面以"三农"领域为例介绍常见的选题方向。

💡 "三农"领域短视频选题方向

（1）如果你喜欢田园生活，可以用视频加配音的方式展现诗意生活。

（2）如果你家有院子，可以做小院改造。

（3）如果你特别喜欢讲故事，可以讲述当地生活和各种趣事。

（4）如果你喜欢农家生活、农家美食，那太好了，因为农村做饭题材的短视频流量太大了。

（5）如果你特别会种菜，可以分享种菜心得，卖蔬菜种子。

（6）如果你自己或身边的亲人、朋友会某种手艺，可以展示制作过程，卖特色手工艺品。

（7）如果你是一位时尚达人，你可以在农村举办走秀活动。

（8）如果你喜欢画画，可以在农村做墙绘。

（9）如果你刚毕业，可以打造助农创业IP，卖农产品。

短视频选题一定要符合账号定位，从目标用户的痛点、兴趣点出发。在做选题前，我们最好先分析10个对标账号的选题方向、同领域热门作品的选题方向及评论区、跨平台同领域的热门问答，了解近期的热门选题方向。需要注意的是，选题不是短视频标题，所以不需要考虑表达的问题，而要重点考虑从什么角度切入。具体来说，我们可以采取以下几种方法。

5.1.1 从定位切入

从定位切入是指根据账号定位、人设定位策划选题，有助于强化人设。例如，"董红"账号的定位是普法，其选题方向基本都是人们关心的法律问题，用户一看就知道她是一名专业的律师，进而产生信任感。假设"董红"

账号发布一条幽默短视频，显然不符合账号的定位和人设，与她的粉丝的需求也不匹配，所以这肯定不是一个好选题。但是，如果这条幽默短视频由一个深耕幽默领域的账号发布，就是一个好选题。

⚙ 爆款短视频选题策划技巧

定位于带货的短视频账号，通常需要发布一些与商品相关的短视频。对着商品直接拍一段视频，再配上音乐，这是最简单的选题。要想打造爆款短视频，我们在策划选题时可以从以下角度切入。

（1）罗列卖点。一个卖点用一句话表达，配上相关的细节图，再配上热门音乐，直接冲击用户的视觉和听觉，加深用户的印象。

（2）强调性价比。没有任何一位消费者会拒绝高性价比的商品，除非他真的不需要。因此，一边展示商品的高品质，一边强调低价，最容易打动用户。例如，一条甘蔗带货短视频是这样拍摄的：主播站在甘蔗园里，一边展示甘蔗又脆又多汁的品质，一边强调产地直销、1元1根，显得甘蔗极具吸引力。

（3）展示价值。卖点展示的是商品优势，而价值展示的是用户需求，因此只需要展示用户最关心的价值即可。例如，西红柿带货短视频可以这样拍摄：直接在地头掰开西红柿，让用户直观地看到西红柿的内瓤，绝大多数用户都会通过内瓤的颜色、形状等判断西红柿的品质。

5.1.2 从热点切入

从热点切入是指利用热点事件、热点话题、热点视频策划选题，这也是打造爆款短视频最常用、最有效的方法之一。不过，我们一直强调短视频创作要有垂直度，所以即使是从热点切入，也要结合账号定位、内容特点策划选题。

"董红"账号在热点事件"正黄旗大妈怒骂女乘客"发生后，很快以"正黄旗大妈已经被行政拘留"为主题创作了一条短视频，从《中华人民共和国治安管理处罚法》（以下简称《治安管理处罚法》）的角度对该事件做了解读，将热点与自身定位强关联，打造了一条爆款短视频。这条短视频的点赞量达 20.1 万次，评论量达 6.4 万条。

互联网上最不缺的就是热点，但是遇到可以与账号定位、创作方向强关联的热点并不容易。我们要培养自己对热点的敏感性，一遇到合适的热点就立即创作。当然，我们也可以借助热点工具，挖掘合适的热点进行创作。

1. 抖音热点宝

抖音热点宝是抖音官方提供的热点搜索工具，有"热点""观测"和"活动"3 个频道。我们在抖音 App 首页的搜索框里直接输入"抖音热点宝"进行搜索即可找到入口，如图 5-1所示。

"热点"频道提供热点、视频、图文、热词、音乐、话题、搜索等不同领域的热点话题、热点视频。我们既可以通过快速浏览了解热点趋势，也可以通过精准搜索找到适合自己的热点。

"观测"频道既提供近期快速涨粉的账号数据，也提供"我的作品"数据监测。我们还可以通过复制链接、搜索的方式监测他人作品的数据。

图 5-1　抖音热点宝

"活动"频道展示的是未来 7 天、未来 30 天抖音官方将要推出的热门活动，可以帮助我们提前规划选题方向，获取更多的优质流量。

2. 创作灵感

创作灵感也是抖音官方提供的工具，在抖音 App 首页的搜索框中输入"创作灵感"进行搜索即可找到入口。在搜索结果页面中，我们既可以在"推荐"和"投稿冲榜"频道中寻找合适的热点话题，也可以根据行业快速查找与自身账号定位、创作方向一致的热点话题，如图 5-2 所示。

图 5-2　创作灵感

除了热点事件、热点话题，我们还可以参考其他平台的热门视频策划选题。简单来说，就是直接对其他平台同领域的爆款短视频选题进行二次开发，加入一些自己的原创内容、特色，这样做出来的短视频也比较容易成为爆款。但是，一定不能照搬照抄，否则可能会被平台认定为抄袭而限制流量。

5.1.3　从主题切入

从主题切入是指针对目标人群的痛点、问题等策划系列视频选题。这类选题的针对性强，而且系列视频之间可以相互引流，所以比较容易出爆款。例如，"董红"账号以"欠钱不还的老赖"为主题创作了一系列短视频，包括"老赖没打欠条，想打官司怎么办""老赖欠债不还也没证据，用这个东西对付他""老赖欠你 10 万元，自己打官司只需要 59 元""对付老赖，您可以这样做""与老赖合作，如何保护自己的权益""一招教你对付欠债不还的老赖"等。该系列短视频的话题度极高，不仅给"董红"账号带来了庞大的流量，还成了她直播间的热门话题。

我们可以按照以下步骤确定主题。

第一步：确定关键词

我们可以结合账号定位、目标用户需求、搜索热点等确定关键词。例如，"董红"是一个普法账号，目标用户的核心需求是学习如何用法律武器保护自己的合法权益，只要结合一些搜索热点，就可以找到合适的关键词，如"老赖""欠钱""房子""离婚""官司"等。

第二步：用关键词搜索热门视频

我们可以用已确定的关键词在各个短视频平台搜索热门视频。在这一步，我们不仅要看同领域的热门视频，还要看与关键词相关的其他领域的热门视频，只有这样才能判断用户真正的需求是什么。例如，用"老赖欠钱"搜索后，我们会看到新闻事件、普法、纪实、电影解说等不同领域的热门视频。如果我们只关注普法领域的短视频，只从法律角度进行解读，要想有所创新就很困难。但是，我们了解其他领域的短视频后，就可以挖掘出"没欠条怎么办""没证据怎么办""官司怎么打""与老赖合作怎么保护自己"等系列话题。

以上介绍的是爆款短视频选题策划的方法，我们采用这些方法时要注意选题必须符合平台规则和平台特性，否则再好的选题也过不了审。即使勉强过审，流量也会受限，打造爆款短视频是不可能的。

规则之下，方能成事。

5.2　爆款短视频的标题如何拟

众所周知，好的标题会让用户眼前一亮，吸引用户看完视频。那么，如何拟出好标题呢？

爆款短视频的 10 种标题

（1）疑问型：提出问题，吸引用户点开短视频寻找答案。例如，"做短视频真的能赚钱吗""一条短视频涨粉 20 万，我是怎么做到的""为什么你总觉得自己不够"等。

（2）热点型：借势热点事件、热点话题、热点人物。例如，"跟着刘畊宏跳 10 天，我发生了这些变化""谷爱凌的 7 种特质，值得所有女孩子学习""就在刚刚！××政策公布"等。

（3）痛点型：直击痛点，刺激用户急于改变的情绪，通常采用自问自答的形式。例如，"自媒体涨粉难？掌握 3 个秘诀，1 天涨粉 1 000""30 岁还一事无成？一定要看看这 5 本书"等。

（4）速成型：抓住用户想要立即改变、成长的心理，强调时间短、效果好。例如，"3 天教你成为写作高手""干货！10 个标题模板帮你打造爆款短视频"等。

（5）数字型：在标题中加入用户特别关注的数字，激发他们想要进一步了解的兴趣。例如，"99% 的人都在……""20 岁的我，如何通过自媒体月入 2 万元"等。

（6）对比型：用对比制造反差，突出用户的核心需求，激发用户内心深处的渴望。例如，"比你优秀、比你帅气的人比你还努力""月薪 3 000 元和月薪 3 万元的文案差在哪里"等。

（7）悬念型：话说一半，故意设置悬念激发用户的好奇心。例如，"万万没想到他是这样的人""妈妈千万不要这样夸孩子"等。

（8）标签型：给用户贴上一定的标签，让其对号入座。例如，"具备这几大特点，精英就是你了""淡定与躺平，原来就这一线之隔""甩掉强迫症，生活更轻松"等。

（9）故事型：一句话概括一个故事，吸引用户观看。例如，"在相亲节目上被灭24盏灯的小伙子，如今已经身价过亿"等。

（10）必定型：以十分笃定的语气阐明观点，让用户觉得有必要点开短视频一探究竟。例如，"幼小衔接必备""夏天一定不能给孩子吃这几种食物"等。

不难发现，一个好的短视频标题具备 4 个突出的特点。

5.2.1 抓住用户的好奇心

按照心理学理论，好奇心是个体遇到新奇事物或处于新的外界条件下所产生的注意、操作、提问的心理倾向，表现为特别注意、想要一探究竟。只要标题能够抓住用户的好奇心，就能抓住让用户在海量的短视频中点开你的短视频一探究竟的机会。前文提到的疑问型、热点型、数字型、悬念型、故事型等标题的主要特点就是能抓住用户的好奇心，引导用户观看短视频。

在这类标题中可以加入一两个能抓住用户好奇心的关键词，如"月销10万件""为什么""什么""万万没想到""千万不要""最后结局亮了""刚刚""近期""首发""专访""解密"等。

5.2.2 击中用户需求

简单来说，击中用户需求就是准确表达这条短视频将给目标用户带来什么价值。前文介绍的痛点型、速成型、标签型、必定型等标题的主要特点就是击中了用户需求，能告诉用户看完这条短视频将会获得什么。

例如，"董红"账号发布过一条关于《中华人民共和国民法典》（以下简称《民法典》）的爆款短视频，播放量达 130 万次、点赞量达 3.3 万次，其标题是"房子到了 70 年就不归你了吗"，如图 5-3 所示。

图 5-3 "董红"账号爆款短视频标题（1）

房子几乎是每个人都非常关心的话题，很多人都对"70 年产权"这个概念不是很了解，更欠缺专业的法律知识，因此一看到这个标题就想点开短视频多了解一下。该条短视频带动销售《民法典》3.4 万本，如图 5-4 所示。

图 5-4 "董红"账号爆款短视频标题（2）

在这类标题中可以加入一两个能够击中用户需求的关键词，如"免费""赚钱""神器""好物""满意""好用""好看""清单""妙招""小贴士""超实用""超简单""好习惯""太值了""教程""技巧""精品""攻略""一学就会""爆火""干货""宝藏经验"等。

5.2.3 戳中用户情绪

戳中用户情绪就是我们常说的引起共鸣，唤起用户的某种情绪。情绪永远是人类最大的软肋之一，抓住这一点，你的作品就成功了一半。例如，有一条点赞量达 230 万次、评论量达 8.1 万条、转发量达 7.5 万次的爆款短视频的标题是"他们总是孤独"，直接戳中了很多用户的孤独感，让他们产生了共鸣。这条短视频中的一句话"人生在世，江湖风云，世间冷暖只有自知"戳中了用户内心翻涌的渴望被人理解的情绪，所以他们纷纷点赞、评论、转发。

在这类标题中可以加入一两个能够戳中用户情绪的关键词，如

"爱""不安""幸福""痛""疤""深情""救赎""失望""可耻""可敬""梦想""远方"等。

5.2.4　遵守平台规范

前面介绍的三种方法虽然可以帮助我们拟出让人心动、想要一探究竟的标题，但也存在一些风险，如容易使用夸张或有一定误导性的字词，这是要尽量避免的。随着短视频行业日益规范，几乎每个平台都会发布关于标题、内容的要求和规范，我们必须随时关注，按行业和平台的要求进行创作。

💡 抖音平台带货短视频标题规范

（1）标题应以描述商品本身属性为目的，标题中的商品属性内容应客观真实，并且与实际商品和商品详情页相关联。

（2）标题中禁止使用"国家级""最""第一""绝无仅有""万能"等夸大或误导性的极限词。

（3）标题中不得重复关键词或出现与商品名称、品类无关的关键词。

（4）禁止使用"点击领红包""点击参加抽奖""点击看美女""你的通信录好友""Ta 正在关注你""530 万人看过"等引导点击的内容。

（5）标题中不能出现售卖数量，如"20 片""5 包"等；不能出现价格，如"20 元"等，避免商家促销活动前后售卖数量、价格变化对用户造成误导。

（6）标题中不能出现活动、促销信息（包括且不限于满减、特价、清仓、包邮、秒杀等），以免促销信息变化对用户造成误导。

（7）标题中的商品信息与视频内展示的商品必须一致（包括品牌、款式等）。

（8）标题中不得出现法律法规、平台规定禁止出现的内容。

5.3 爆款短视频的剧本如何写

文案是短视频的骨骼和血肉，是决定短视频能否成为爆款的关键。剧本的逻辑可能让观众感觉眼前一亮，剧本中的某一句话可能让观众心中一动，剧本中的某一个价值点可能让观众点头认可，剧本的任何细节都可能将你的作品送上热点，成为爆款。

根据短视频用户的观看习惯及平台的分发机制，30秒左右的短视频通常最容易出现爆款。如何在30秒之内既抓住用户注意力又传递有价值的内容呢？这就需要好好写剧本。

30秒短视频剧本套路

请记住这个套路：3秒注意力+10秒反转冲突+17秒涨粉。

（1）前3秒抛出最有吸引力的内容，吸引用户的注意力。

（2）接下来10秒用对抗、意外、反转、悬念等亮点引导用户继续观看短视频。

（3）最后17秒主动出击，达到让用户点赞、评论、转发、关注的目的。

5.3.1　前 3 秒写价值

短视频运营中有一条非常重要的法则——"3 秒吸引法则"，即在短视频的前 3 秒吸引用户的注意力或激发用户的好奇心，这样才能达到传播目的。否则，即使短视频被推送到用户眼前，也难逃被划走的命运。

如何才能在 3 秒内吸引用户的注意力呢？

1. 关键信息前置

用户看完这条短视频可以得到什么，也就是所谓的关键信息，你必须在短视频前 3 秒说清楚。这里说的"关键信息"要能为用户提供价值，既可以是一个知识点，也可以是一个观点或一种情绪，但一定要对用户有用。最好用两句话把关键信息说清楚，并放在短视频的前 3 秒。如果你像写小说那样把最精彩的内容放在结尾，那么你的短视频注定会被划走。

2. 诱因表达

诱因表达就是用惊叹句、惊人的消息或场景作为诱因，吸引用户继续观看短视频。"董红"账号发布的很多短视频都采用了这种方法，如"往出租房子的房东朋友们注意了""真是活久见啊""真是千呼万唤始出来啊"，如图 5-5 所示。

a)　　　　　　b)　　　　　　c)

图 5-5　如何在 3 秒内吸引用户的注意力

3. 具备情绪

短视频的前 3 秒要释放情绪信号，开心、忧伤、恐惧都可以，因为情绪往往才是最快抓住用户注意力的武器。例如，"我离婚了，但是我很高兴"释放出了一种悲伤和高兴相冲突的情绪，可以有效地吸引用户观看短视频。

5.3.2 接下来 10 秒写故事

开头 3 秒是否精彩决定的是短视频是否会被划走，接下来的 10 秒决定了短视频完播率的高低。要想写好这 10 秒的剧本，就必须增强故事性。用户更喜欢看故事，而不是听描述。没有故事、没有情节，短视频的完播率就不容易高起来。

什么叫故事性？我们可以对比下列几组文案的表达效果。

> A：我们终于结婚了。
>
> B：我们相隔 2 500 公里，1 个月前，我妈妈确诊癌症，但他说服了爸妈，向我求婚了。你们愿意祝福我们吗？
>
> A：他成了著名的职业经理人。
>
> B：他专科毕业，孤身一人在北京打拼，却成为著名职业经理人。你想知道他经历了什么吗？
>
> A：我升职了。
>
> B：3 年前，我 1 个月挣 3 000 元，房租 1 000 元；3 年后，我 1 个月挣 10 000 元，但我在这个城市依旧买不起房。
>
> A：我们分手了。
>
> B：我们认真相爱了 3 685 天，最后却因为买一件 1 500 元的大衣，只用 3 秒，我们就分手了。

虽然 A 的表达精练，但有点干巴巴的，像机器人在说话，没有情感。而 B 的表达中加入了情节（冲突或阻碍）及数字（数字本身就代表着效率和精准），这样就大大增强了故事性。

> 赵宁老师在她的系列文章"赵小赵笔下的 10 000 人"中是这样写董红老师的："董红，律师。全网应该有 500 万粉丝了，我俩是在一次公益活动上相识的。在那次公益活动上，我讲完课后下来，她就在我的对面坐着。她看着我，激动地一个劲鼓掌，像极了我的学生。主持人介绍她是知名律师，全网 500 万粉丝，我很吃惊。打开她的抖音账号和微信视频号，果然名不虚传。一个柔弱的女孩子能有这番成绩，实属不易。因为我自己天天深耕新媒体领域，这一路有多少艰难，我自己心里特别清楚。每个人都以为你飞得很高，但我知道她飞得很累。"

在这段文字中，"500 万粉丝""像极了我的学生"把读者带入了当时的情境，而后的"深耕新媒体领域""这一路有多少艰难""每个人都以为你飞得很高，但我知道她飞得很累"又戳中了新媒体运营者一路艰辛走来的情绪。短短的一段文字，却百转千回，情绪饱满。

> 给老太太打电话，老太太腿有些不舒服，老爷子替她取快递刚回来。居委会前几天送来了蔬菜大礼包，老太太说还没吃完，老爷子中午打算做包菜馅饺子。我说："你们缺啥啊？我给你们网上买。"老爷子接过话头："不用你买，我每天替你妈取七八个快递呢！"老太太说："那我买的你吃不吃，你穿不穿？"老爷子说："我吃，我穿，行了吧？"吵了一辈子架的俩人，老了依旧天天拌嘴，但多了些相依为命的味道，没有了剑拔弩张的愤懑。

> 我们都在岁月的流逝中，与岁月、与身边的人和解了。年少的时候，我总是和脾气暴躁的父亲有许多争执，与父亲的疏远感到现在还在。但现在，反而父亲照顾母亲更多一些，他的脾气也好了，发不动火了，更关注一羹一饭。我想，他心里对我和菲菲也会有许多期许吧。但他很少说，似乎我们也没有耐心听他说。与父亲的疏远感，也许是我这一生都难解的。但我们在漫长的岁月里，又何尝不是活成了他们的样子。

这个小故事先交代了情景——周末我给爸爸妈妈打电话；接着人物出场——爸爸、妈妈和我；然后，矛盾产生——老太太酷爱网购，老爷子天天给她取快递，老两口吵了一辈子架，现在还在吵，却多了些相依为命的温柔；紧接着是主题的升华——父亲的改变和老去，从我小时候与父亲的疏远到现在的逐渐理解；最后得出结论——陪伴是最长情的告白，我们最终都活成了父母的样子。

这虽然是一个小故事，但写得很温馨，家长里短、柴米油盐是每个人都要面对的生活，偏偏这人间烟火气最抚凡人心。大家都可以用这样的逻辑试试，从写一个小故事开始，提升自己的文案和剧本写作能力。

5.3.3　最后 15 秒写共鸣

接下来 10 秒的故事性有助于提升短视频的完播率，却不一定能让用户点赞、评论、转发。毕竟，再好听的故事都是别人的，与自己不相关的话听完就好了，用户不会想要参与、分享。因此，讲完故事后，我们还要在短视频中预设点赞点。

每条短视频都要有一个让用户点赞、关注的高潮点，最直接的方式就是直白地让用户点赞、关注。例如，曾经火爆全网的"双击 666"就是源自要求用户点赞。我们也可以用字幕提醒用户，如"双击我的脑门有惊喜""点击分享至朋友圈"等。除了这些方法，更高级的方法是通过剧本的特别设计让用户主动点赞，如反转、矛盾、共鸣、认同等。但是，这种方法的难度也比较高，因为我们必须结合整个剧本的故事走向、用户情绪的积累、故事的前因后果等进行创作。

下面仍以赵宁老师写董红老师的那篇文章为例进行说明。

> 介绍完董红老师的优秀之处后，赵宁老师在文中来了一个反转："有一次聊天的时候，她告诉我'姐姐，我其实是个自卑的人'。"用户瞬间就会感到惊讶，这么优秀、这么漂亮的人也会自卑吗？接下来，赵宁老师用文字替用户说出了她心中所想："我很惊讶，但又释然，因为谁也不相信，我曾经也是个特别自卑的人，甚至现在依旧敏感和自卑。只不过，我藏得很深而已。原生家庭的影响，要强的性格下对自己的不满，对学习和工作的焦虑，都是我自卑的原因。有一句话说得特别好——有的人是用一生治愈童年，有的人是用童年治愈一生。"

这样一个反转把他人的故事和情绪转移到了用户身上，引起了深深的共鸣，让用户想要主动点赞、评论、转发。这就是高级的文案、高级的剧本。

可以说，剧本的本质就是人性，总是与现实生活息息相关，总是与喜怒哀乐息息相关。

5.4　爆款短视频怎么拍、怎么剪

总有人问赵宁老师是不是随身带着摄影师，因为她的很多照片拍得太好了，但事实上，她的很多照片都是她自己拍的。我们要学会自己一个人记录、出行、编辑并输出内容。

会拍、会剪是做短视频必备的能力。不要总是找借口，说自己没有团队，说一个人没有办法做很多事。其实，很多做出爆款短视频的账号都是从单打独斗开始的。

5.4.1　从自拍开始

如果你不会自拍甚至不喜欢自拍，恐怕很难做好短视频。这句话可以从两个方面理解：一方面是拍，如果你拍自己都拍不出满意的照片、视频，你拍别人更不行；另一方面是出镜，如果你在自己的镜头里都不自然、不自信，怎么面对更多人的审视呢？因此，要想拍好短视频，一定要从自拍开始。

最好的工具不是最贵的器材，而是就在你手边、使用最方便的器材。用手机自拍无疑是最方便的。你可以专门学习摄影知识和技巧，但日常还是要通过手机自拍找准拍摄的感觉。

面对镜头时，每个人都希望自己美美的、帅帅的，但越这样想就会越紧张，拘谨的手无处安放，紧绷的表情透着不自然，怎么拍都拍不出让自己满意的照片，这是不是发生在你身上的情况？下面跟大家分享一些自拍心得。

1. 要显脸小

很多人的自拍照很像"大头照"，头大、脸大，显得很不协调。我们在自拍时要想显脸小，最好拍侧脸，这样就可以借助脸部线条修饰脸型，显脸小。其实，绝大多数人的侧脸比正脸更好看，尤其是一些五官比较立体的人，侧脸的线条会让五官看起来更加精致。我们在日常生活中可以多用镜子观察，找到最美的侧脸角度。

侧脸自拍时，要想拍出与镜头的互动感，建议眼睛看镜头；要想拍出氛围感，建议眼睛不看镜头，看前方，如图5-6所示。

图 5-6 自拍时要显脸小

2. 借助光线，自拍有亮点

好的光线能让自拍效果更好。不同的脸部光线可以呈现出不同的精神状态、皮肤状态，其影响甚至可以超越化妆效果。因此，我们在自拍时一定要学会借助光线设计视觉亮点，如图 5-7 所示。

图 5-7 借助光线自拍

最好的光线一定是自然光。如果希望让自然光的效果更好，就要尽量选择阳光柔和的时间段，如早晨七八点或傍晚四五点。无论自拍还是他拍，补光时我们都要尽可能避开顶光，因为顶光会让法令纹和油光变得非常明显。我们可以稍微往前站，避开顶光。室内光线有时不太均匀，脖子会比较暗，我们可以用能反光的东西放在下巴下面，如反光板、镜子、白纸等，这样补光可以产生磨皮的效果。

如果想用台灯或落日灯营造氛围感，我们可以把灯放在侧后方，朝着镜子打，通过镜子把光反射到脸上。这样光线会非常柔和，而且发丝还会透着光，非常好看。

3. 巧用道具

手放在哪里、怎么放？这是我们在自拍时经常遇到的难题，总觉得手放在哪里都显得不自然。这时，我们可以巧妙地运用道具。例如，用窗帘遮住手及脸部的一部分，让画面更有意境，如图 5-8 所示。

图 5-8　借助窗帘遮住手及脸部的一部分

再如，我们拿着书自拍，既增加了书香气，又可以遮小肚子，如图 5-9 所示。

图 5-9　用书做道具自拍

除了书、窗帘，也可以用树叶、花朵、水果、水杯等，所有让画面看起来和谐、舒服的物品都可以作为拍照的道具。

4. 眼神管理

对着手机自拍时，我们的眼睛可以看手机屏幕中的自己或镜子里的后置摄像头，这样眼神显得比较灵动、有互动感。手机可以放在支架上，尽量采用平视角度。平视是让观众感到最舒服的角度。

5. 做好表情管理

表情是自拍照的灵魂所在，其好坏直接影响自拍的效果。根据你想表达的氛围、情绪的不同，自拍照的表情可以是失落、开心、沮丧等，但都必须给人真实、自然的感觉。此外，相比容易让人感到沉闷的负面表情，积极乐观的表情更适合自拍照，效果也更好，如图 5-10 所示。

图 5-10　自拍时的表情管理

　　自拍时，只要抓住了角度、光线、道具、眼神、表情这 5 点，基本就可以拍出不错的照片。当然，美颜相机也是必不可少的。最重要的是坚持每天自拍、随时自拍。这个过程不仅是提高摄影技能的过程，更是找镜头感、发现镜头前最美的自己的过程。当你能够拍出迫不及待想要分享给亲人和朋友的自拍照时，你就算做好了在短视频和直播中出镜的准备。

5.4.2　短视频拍摄策划

　　短视频拍摄策划包括拍摄主题、内容策划、道具场景 3 个部分的内容。

1. 确定拍摄主题

　　确定视频的类型和风格。例如，"董红"账号的拍摄主题是普法，需要正装出镜，配以严肃的讲解风格。为了保证内容的垂直度，主题一旦确定下来，最好不要随便更改。

2. 内容策划

　　根据拍摄主题，策划具体的视频内容、故事情节，形成内容大纲。例如，"董红"账号的视频内容基本都是通过生活见闻、新闻、粉丝提问等引出主题，然后结合相关法律法规进行解读。

3.道具场景

根据拍摄主题和内容，选择场景及拍摄可能用到的道具。例如，"董红"账号的拍摄场景和道具都非常简单，力求传递给用户专业、干练的形象。

5.4.3 短视频素材拍摄

一镜到底的短视频给人的感觉非常棒。从拍摄的角度来说，一镜到底可以让整个情绪更加连贯、饱满；从剪辑的角度来说，一镜到底可以让剪辑工作更轻松。但是，真正能做到一镜到底的人非常少，每条短视频都能做到一镜到底的人几乎没有。毕竟，短视频不是影视剧，重点不在于演，而在于真实。因此，短视频拍摄的核心其实是素材。这些素材可以是我们日常生活中的随手一拍，也可以是为了某个选题专门选择环境、人物等拍摄的。无论随手拍还是专门拍，我们都必须掌握一定的技巧。

1.拍摄思路

只有结合内容的需要选择环境、塑造人物、营造氛围，才能形成清晰的拍摄思路。在实际拍摄中，我们必须结合现场需要和突发灵感，及时调整拍摄思路。例如，从大环境到近景，最后聚焦于局部或细节，就是常见的拍摄思路。以"乡野小静"账号的一条做冬瓜糖的短视频为例，其拍摄思路是先展示乡间摘冬瓜的大环境，然后展示切冬瓜的近景，最后展示做冬瓜糖过程中的细节，如图 5-11 所示。

2.拍摄构图

短视频是对静态画面的延伸，摄影构图对短视频拍摄同样有用。常见的构图方法有中心构图法、二分构图法、九宫格构图法、框架构图法、对称构图法、水平线构图法、对角线构图法、引导线构图法、建筑构图法等。

（1）中心构图法：主体突出、直击重点、画面平衡，如图 5-12 所示。

a） b） c）

图 5-11　拍摄思路

图 5-12　中心构图法

（2）二分构图法：前景后景区分明显，如图 5-13 所示。

图 5-13　二分构图法

（3）九宫格构图法：人物处于画面黄金分割点，如图 5-14 所示。

图 5-14　九宫格构图法

（4）框架构图法：画面因框架形成遮挡，空间深度增强，重点在于远景主体，可增加神秘感、激发兴趣，如图 5-15 所示。

图 5-15　框架构图法

（5）对称构图法：呈现稳定、平衡、安逸的感觉，如图 5-16 所示。

图 5-16　对称构图法

（6）水平线构图法：画面有延伸感，给人和谐、稳定的感觉，如图 5-17

所示。

图 5-17　水平线构图法

（7）对角线构图法：突出动感、不稳定性、生命力，适用于环境展示，不太适合时长较短的视频，如图 5-18 所示。

图 5-18　对角线构图法

（8）引导线构图法：引导目光，可呈现纵深感、立体感，适合大场景、远景，如图 5-19 所示。

图 5-19　引导线构图法

（9）建筑构图法：增加建筑的空间感、层次感，创造氛围，如图 5-20 所示。

图 5-20　建筑构图法

3. 拍摄角度

在拍摄素材时，最好对一个场景进行多角度拍摄，后期剪辑时素材会更加丰富，也可以让视频呈现更加丰满。

拍摄角度可分为水平角度和垂直角度。水平角度是指以人物为中心，摄影机和人物处于同一水平线上，主要用于阐述故事发展、表达剧情，是最常用的拍摄角度。

垂直角度是指摄影机和人物处于同一垂直线上，可进一步细分为侧拍、仰拍和俯拍3个角度。侧拍角度是指拍摄物体的侧面，从客观视角呈现画面，有助于表现方向性，变化丰富，多用于交流、对话。仰拍角度是指镜头处于人物视平线以下，由下向上拍摄，主要用于展示上空场景，增强立体感，可用于塑造伟大形象或模拟小宠物视角。俯拍角度是从更高的位置向下拍摄人物或物品，脱离了正常视角，可起到丰富镜头、表达力量薄弱、简化背景等作用。

4. 拍摄景别

合理地运用景别和运镜技巧，可增加画面的丰富度和冲击力，避免平铺直叙，大大提升视频的完播率。拍摄景别通常分为6种。

（1）远景。视线距离最远，空间范围最大景别，一般人物特别小，主要用于人物抒发某种情绪，展示周围环境。

（2）全景。用于展现人物全身或具体场景全貌，能给人一种身临其境的真实感。

（3）中景。用于展现人物膝盖以上的画面，叙事功能强，既能展现环境，又比全景更专注于人物。

（4）近景。用于展现人物胸部以上或物体局部的画面，可利用表情和肢体动作等细节刻画人物，让镜头中的人物与观众之间产生一种情绪互动。

（5）特写。以拍摄人物头部或某物体局部细节为主，用于展示物体或文艺、清新的画面，可制造悬念或铺垫。

（6）微距。以非常近的距离拍摄画面，适用于美食类、美妆类、电子产品类视频。

5. 空镜与特写

运用空镜和特写拍摄的素材是视频剪辑中必不可少的。

空镜是指没有人物出现、只拍摄景物的镜头，主要用于介绍环境、交代时间、表达情绪等，起到烘托气氛的作用。

特写主要是展示人物动作、表情或景物局部细节的镜头，主要用于凸显画面感。

要想获得好的素材，不仅需要提前做好规划，根据脚本进行拍摄，更需要创意和灵感。此外，尽可能多拍摄一些备用素材也是非常有必要的。

5.4.4　短视频后期剪辑

拍摄完成后要对素材进行筛选和整理，根据脚本对素材进行排序，结合视频风格选择合适的背景音乐。

1. 剪辑流程

新手做剪辑时最好按照一定的流程操作。

新手剪辑六步法

第一步，建立主题文件夹。一条视频对应一个文件夹，避免混乱。

第二步，添加素材。把需要的视频、图片、文案、音乐等素材都添加到建好的文件夹中。

第三步，素材筛选和分类。查看所有素材，结合视频主题筛选出需要的素材，做好分类和命名，其余素材备用。

第四步，粗剪。按照脚本把素材添加到剪辑软件中，建立初步的结构，核查时长。这一步要做到结构完整、时长合适。

第五步，精剪。对视频内容、节奏、文案、音乐等细节进行调整，反复修改，一定要有耐心，确保视频质量。

第六步，导出。剪辑完成后就可以导出视频了，这一步最重要的就是设置清晰度。

2. 剪辑技巧

新手并不需要掌握复杂的剪辑技巧，只要确保视频清晰、画面整洁、结构完整，再辅以合适的文案、音乐等，就能剪辑出一个不错的作品。但是，要想不断提高作品质量，还是要多学习一些常用的剪辑手法。

常用的剪辑手法

（1）分割：根据需求将一段视频或音频分割，将不需要的部分删除，或者调整分割后的片段顺序，或者在分割后的画面中间添加一些转场效果。

（2）升格：通过慢动作带动用户情绪的剪辑手法。

（3）跳切：以较大幅度的跳跃式的镜头进行转场，给用户带来强烈的节奏感，吸引用户特别关注跳切的内容。

（4）混剪：根据主题将不同类型的视频、图片、文字放入同一视频，这是内容比较碎片化的视频（如剧情类、影视类、幽默类视频）常用的剪辑手法。

此外，选择合适的拍摄工具和剪辑工具可以有效地提升工作效率。手机上常用的剪辑工具有剪映、快影、Vue、Videoleap、Quik、猫饼、一闪、InShot 等。

下面以剪映为例简单介绍视频剪辑流程和技巧。

 剪映的剪辑流程和技巧

（1）打开剪映 App，点触"开始创作"按钮，如图 5-21 所示。

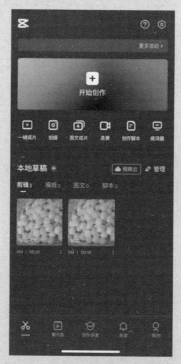

图 5-21　剪映 App 主界面

（2）从手机中选择图片和视频，点触"添加"按钮，如图 5-22 所示。

图 5-22　添加素材

（3）添加素材后，点触主界面左下方的"剪辑"按钮，如图 5-23 所示。

图 5-23　点触"剪辑"按钮

（4）点触"分割"按钮，对视频进行分割，如图 5-24 所示。

图 5-24　分割视频

（5）如果有多余的、不符合要求的、不想要的视频片段，可以先选中该视频片段再点触"删除"按钮将其删除，如图 5-25 所示。

图 5-25　删除视频片段

（6）如果需要调整保留下来的视频片段的顺序，可以长按视频片段，将其移到相应的位置，如图 5-26 所示。

图 5-26　调整视频片段的顺序

（7）回到视频起点，点触"识别字幕"按钮，如图 5-27 所示。

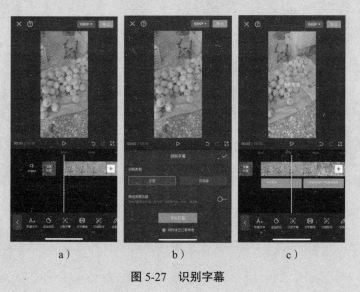

a）　　　　　　　　b）　　　　　　　　c）

图 5-27　识别字幕

（8）点触视频下方的文本轴，修改文字，如图5-28所示。

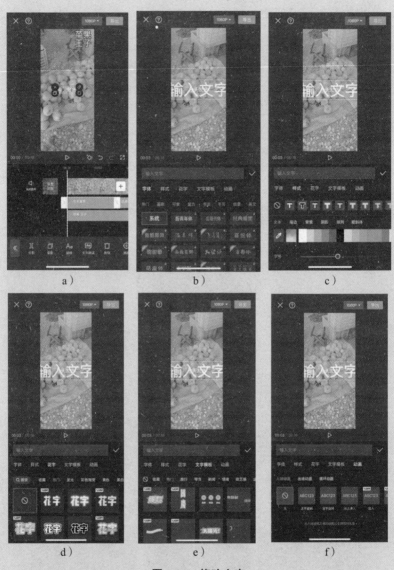

图5-28 修改文字

（9）点触"新建文本"按钮，输入标题并将其拖到合适的位置，如图5-29所示。

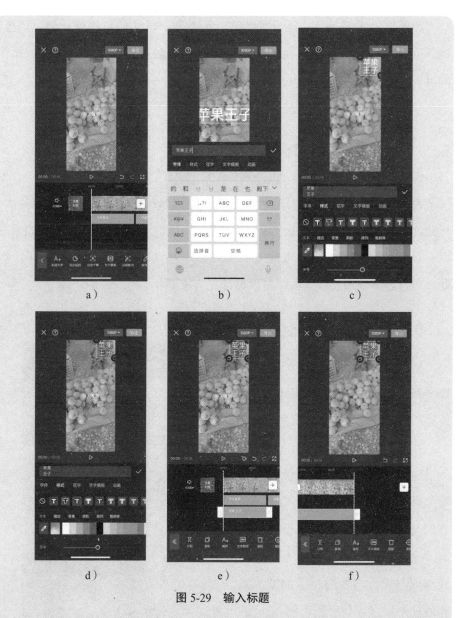

a)   b)   c)

d)   e)   f)

图 5-29　输入标题

（10）剪辑完成后，点触"导出"按钮即可导出视频。注意，导出视频时要设置像素值，为了确保视频的清晰度和质感，像素值最好设置为最高。

除了以上常规操作，还有加特效、加音效、选音乐、调整音量、调色、视频变速等操作，我们只需要在剪辑界面中点触相应的按钮，按提示操作即可。

5.5 爆款短视频封面怎么制作

视频属于视觉艺术，好的封面对短视频流量的影响甚至比标题还要大。毕竟，大家在刷短视频时不一定会留意标题，但一眼就能看到封面。如果封面有足够的吸引力，用户可能来不及看标题就立即点开短视频观看了。因此，对打造爆款短视频来说，封面设计尤为重要。

5.5.1 短视频封面的常见类型

短视频封面没有固定的套路，每个账号都会在摸索中慢慢形成自己的风格。常见的短视频封面有以下几种。

1. 随意型封面

随意型封面实际上是没有封面，通常是将视频第一帧画面直接作为封面，有时会加上标题，有时甚至连标题都没有。这种封面最常出现在乡村生活类短视频账号中，与乡村生活的原生态、人物的朴素风格比较匹配。例如，"西北娃贝贝"的短视频封面就属于这种类型，如图 5-30 所示。

图 5-30 "西北娃贝贝"的短视频封面

2. 视频截图型封面

视频截图是最常见也是制作过程最简单的封面类型，但截图必须与主题契合，画面要清晰、直观，要能迅速吸引用户的注意力。例如，"乡野小静"的短视频封面就具有极强的个人风格，基本都是视频截图加上红色标题，如图 5-31 所示。

图 5-31 "乡野小静"的短视频封面

3. 模式化设计封面

模式化设计封面通常以主播的照片或某张特定图片为背景，再加上字体、字号、颜色固定的标题，使所有短视频的封面风格保持统一。这种封面可以给用户带来更强的视觉冲击，对账号或主播本人产生深刻印象，有助于打造个人 IP。例如，"董红"的短视频封面就属于这种类型，如图 5-32 所示。

图 5-32 "董红"的短视频封面

4. 突出才艺型封面

唱歌、跳舞、跑酷、手工艺等才艺表演类账号最大的价值点就是才艺，但很难拟出极具吸引力的标题，也没有动人的故事情节，所以其短视频封面一定要突出才艺。例如，"洛川火哥"发布的都是唱信天游的短视频，其封面基本都是主播唱歌的场景加上信天游的名称，如图 5-33 所示。

5. 突出标题型封面

知识技能、方法干货类账号发布的短视频的核心价值在于内容，即口播文案，画面感并不是很强。因此，其短视

图 5-33 "洛川火哥"的短视频封面

频封面通常会突出内容价值，找一张具有代表性的图片作为背景，然后直接把标题放到背景图上。背景图通常采用虚化设计，也可以给文字加上底色，文字的字号通常比较大，文字占封面的 60% 左右。文字通常使用红、绿、蓝等鲜亮的颜色，可以从视觉上强化文字的力量。例如，"余国珍—新媒体运营实战专家"经常使用这种短视频封面，如图 5-34 所示。

图 5-34 "余国珍—新媒体运营实战专家"的短视频封面

5.5.2 优质短视频封面设计要点

不管采用哪种风格或类型的封面，都要达到短视频平台的要求。这是因为只有封面被算法有效识别，短视频才会被分发给匹配的用户。而且，用户只有看到优质的封面，才更愿意点开短视频观看。

那么，什么样的短视频封面才算得上优质呢？我们在设计封面时要注意以下要点。

1.尺寸符合要求

横版视频和竖版视频的封面尺寸有不同的要求。

（1）横版视频封面。横版视频的常见尺寸为 1 920×1 080，常见的封面形式是"标题＋图片"，也可以是主题明确的纯文字。

（2）竖版视频封面。竖版视频的常见尺寸为 1 242×2 208，封面要与视频内容相呼应，让用户有兴趣点开观看。

2.画面清晰、整洁

封面能传递大量的信息，所以一定要清晰、整洁，如果模糊不清，就无法发挥作用，用户会因为不明白视频要讲什么而直接划走。画面清晰一方面是指出现的人物、物品等清晰可见，另一方面是指图片的清晰度够高。画面整洁是指图片中不要出现二维码、标识、马赛克等元素；如果有文字，就要避免图片压字。

3.格式风格统一

要想提升短视频和账号的识别度，就要给短视频设计风格统一的封面。如果用户看到你的短视频，还没点进去就知道这是你的作品，你就成功了一半。

4.字体醒目

很多短视频封面的字很小，而且特别多，用户根本看不清，也就无法知道短视频想表达的主题是什么。因此，在不影响美观的情况下，一定要将字号调大。另外，有些字体非常醒目，大家可以根据自身需要选择合适的字体。

5.封面内容吸引人

用户的注意力是很分散的，平台上有那么多短视频，要想让用户停下来观看你的短视频，一定离不开精彩的封面。例如，如果是风景类账号，就选一张最美的动态图片作为短视频封面；如果是幽默类账号，就将人物的夸张表情作为短视频封面。

6. 封面与标题强关联

封面与标题强关联是指封面与标题和谐统一，不会让用户看了之后产生疑惑或不舒服的感觉。例如，标题是"春天的第一条裙子就该这样穿"，但封面是穿着牛仔裤的模特，这就会让用户产生不和谐、不舒服的感觉。

有些人为了蹭热点，便找热点图作为短视频封面，封面与标题没有任何关系，用户不知道该相信标题还是封面，多半不会点开观看。

7. 持续强化 IP 形象

最好直接用主播照片或品牌元素作为封面的核心元素，再配合短视频的标题和内容进行设计，既可以带给用户专业、统一的感受，又可以持续强化个人 IP 形象。例如，"董红"账号的短视频封面就统一用她的照片作为底图，再配上黄底黑字的标题，有意识地持续强化用户对她形象的记忆。如果是企业号，就可以有意识地运用品牌形象或元素设计短视频封面，如统一的工装、品牌代言人、品牌标志等。

8. 封面停留时间够 1 秒

用户在看封面和其中的文字时需要一些反应的时间，如果封面停留时间太短，用户还没看清楚标题，短视频就往下播放了，用户的体验一定不会好。

5.6 爆款短视频的核心指标如何提升

根据短视频平台的算法机制，点赞率、评论率等互动数据表现越好，就越容易得到系统的推荐。例如，抖音平台的视频播放量是由完播率、点赞率、评论率、转发率这 4 个核心指标计算出来的。因此，要想打造爆款短视频，就必须想办法提升这 4 个核心指标。

5.6.1　完播的背后是精彩

完播率是指点开短视频后看完整条短视频的用户占比。完播的背后是内容足够精彩，具有极强的吸引力。一般来说，短视频的完播率达到 1% 就可以上热门。

如何才能让用户看完整条短视频呢？

1. 控制时长，越短越好

对新手来说，提升完播率最直接的方法就是缩短视频时长，尽量控制在 1 分钟以内。如果是抖音或快手平台，视频时长最好控制在 15 秒左右。时长较短的视频不仅可以让用户在不知不觉间看完，而且如果内容有足够的吸引力，用户还会因为时间过短而感到不过瘾，想要再看一遍，这样短视频的复播率就会大大提升。

2. 预告结局，提醒看完

如果视频时长超过 1 分钟，最好在开头就预告结局，吸引用户看完整条短视频，相关的常用技巧有 3 种。

（1）**用提问进行预告**。例如，"你知道我今天遇到什么事了吗""你知道我刚刚经历了什么吗""你知道如何做好带货短视频吗"之类的问题，可以让用户不由自主地想要通过短视频找到答案。如果在寻找答案的过程中发现短视频的内容非常有吸引力，用户就会不自觉地看到最后。

（2）**提示视频时长**。例如，通过"这条视频有 3 分钟，但只要你耐心看完，必有收获""如何炒出又脆又嫩的青菜？只需要 1 分钟，就能掌握其中的秘诀"等口播内容在开头就提示视频时长，可以让用户有一定的心理准备，并且对内容产生期待，避免用户因为视频过长而失去耐心、中途划走。

（3）**直接要求看完**。例如，"一定要看到最后""看完有惊喜"等提示语会让用户产生强烈的好奇心，忍不住想要看到最后。在抖音平台上搜索这些语句，我们会发现这类短视频的点赞量都很高，可见效果还是很好的。但是，使用这个技巧的前提是最后真的有让用户感觉超值或有超预期的惊喜，否则容易适得其反。

3. 输出干货，分点说明

干货是吸引用户看完整条短视频的利器。在输出干货时要尽量分点说明，如"3 个小妙招帮你解决厨房油污问题""爆款短视频标题的 5 个公式"等。

分点说明不仅可以预告内容的主题、长度，让用户产生想知道究竟是哪几点、自己是否知道、是否对自己有用等心理，进而继续观看视频；还可以让用户在观看视频过程中按顺序了解各点，激发用户看完一点还想知道下一点是什么的兴趣。

如果用户在看完后产生"原来是这样""原来还可以这样""我也要试试"的收获感，就很可能把短视频分享给他人，点赞率和转发率都会随之提升。

5.6.2 点赞的背后是认同

点赞率是指观看短视频的同时进行点赞的用户占比。短视频的点赞率达到 3% 就可以上热门。用户点赞的背后是对视频内容的认同，产生了"说得好""的确是这样""我就是这样的""说出了我想说的""真的很有意思""这正是我想要的"之类的想法。例如，生活技巧类短视频可以配"教你 1 个妙招去除地板污渍，建议点赞收藏"之类的文案，有去除地板污渍需求的用户看了之后如果觉得"的确有用""我可能会用到"，就会点赞、收藏，防止以后找不到这条短视频。

要想提升点赞率，在短视频中间或结尾直接引导用户点赞是最直接也最有效的方法。有些用户虽然已经被内容打动，但必须对其进行引导、提醒，他们才会真的动手点赞。

我们在引导用户点赞时可以采用以下几种方法。

（1）直接说"点赞"，如"如果这条视频对大家有帮助，请给我点个赞"等。

（2）用"双击"代替点赞，如"觉得主播不错的双击支持一下"等。这是短视频平台的一个特殊设计，只要双击屏幕就会给视频点赞。所以，伴随着短视频行业的发展，也出现了"双击666"这样的网络用语。

（3）用"小爱心"代替点赞，如"觉得有用就点一下旁边的小爱心"等。

（4）用字幕提醒点赞。例如，在短视频右下角点赞按钮的位置加上字幕提示，如"给我点赞""双击视频"等，让字幕停留几秒。字幕不会打断视频节奏，比口播引导更委婉一些。

（5）画外音引导点赞。例如，某手工艺账号不会直白地要求用户点赞，而是由另一个人通过画外音的方式问主播"大家会双击吗""大家会点赞吗"，与此同时视频中出现字幕，主播则肯定地回答"会"。这种引导方式非常巧妙，用户会觉得点赞是对主播最好的支持。

（6）用内容引导点赞，也就是用视频中提到的人或事引导用户点赞。例如，某新闻媒体账号发布好人好事的短视频后，经常会在标题中写上"这暖心的一幕让无数人为他点赞。陌生人，鼓励他一下吧"。类似的例子还有"为外卖小哥点个赞""为医护人员点个赞"等。

5.6.3　评论的背后是参与

评论率是指观看短视频后发表评论的用户占比。短视频的评论率达到 1%就可以上热门。相比双击屏幕就能完成的点赞，评论不仅要点开评论区，还要输入文字和表情等表达意见，需要做的动作显然复杂得多。因此，评论不是简单地说一句"请给我评论"就能成功引导的，而是必须真正激发用户的参与感。

具体地说，要想提升短视频的评论率，我们可以从以下几个方面着手。

1. 设置互动问题

我们可以在短视频描述中加入一些互动问题，引导用户留言评论，如"一次开了 21 盒 ×× 牛奶，猜我中了多少现金""你们和男朋友看电影是什么样""你同意视频中的观点吗？欢迎在评论区留言""如果你是视频中的 ××，你会怎么做""下期大家想看什么？请在评论区告诉我"等。

互动问题可以采用设问句、反问句等形式，只要互动性强、能让用户想要参与其中就是好问题。

2. 设置"槽点"

短视频文案要尽可能输出观点，增加信息量，减少无意义的表达。观点越多，越有可能让用户产生共鸣或与其内心的想法产生冲突，而这两种情况都可以激发他们的参与感。如果在输出的观点中刻意设置一两个不影响自身人设又无伤大雅的"槽点"，刻意引发用户讨论，效果会更好。

3. 设置"神评"

"神评"既可以自己发布，也可以用其他账号发布；既可以是引导性的问题，也可以是极具争议性的观点。只要有用户参与互动，就会引来围观的用户。他们想看看大家都在说什么，看到与自己相似或相反的观点也想发表评论。如果"神评"的互动量足够，可能评论还没看完，视频就已经开始复播了。

本章最后一节会具体介绍如何回复留言，做好评论区运营，让评论成为提升短视频权重的重要抓手。

5.6.4　转发的背后是有用

转发率是指观看短视频后进行转发的用户占比。短视频的转发率达到1%就可以上热门。与评论不同，转发的背后是用户觉得短视频的内容有用，满足了自己的某种需求。

通常来说，用户转发短视频通常出于以下需求。

1. 表达自我

人人都有表达的欲望，但并非人人都敢于表达、善于表达。因此，当短视频输出的观点、情绪刚好是自己想要表达的内容时，用户就会转发短视频，以此表达自我。例如，过春节时有很多人都会转发表达祝福的短视频。再如，"余生是你，白首是你，我们因缘相偎又相依……"等在短视频平台上十分火爆的歌曲往往因为歌词表达了很多人的心声而被转发。

2. 维护社交

与表情包走红的逻辑类似，转发分享一些有趣的短视频，可以为社交提供新鲜的话题，增进感情，满足用户维护社交关系的需求。例如，曾经火爆全球网络的"冰桶挑战"就是在社交需求的推动下流行起来的。

3. 强化人设

几乎每个人在朋友圈、社群中都有自己的人设，转发与之匹配的短视频有助于强化自己的人设，影响他人对自己的认知。例如，企业管理方面的培训师会关注管理技巧、创业技巧短视频，遇到内容很好、很实用的短视频，他们就会转发分享，让他人知道自己一直在关注什么、学习什么、做什么。

归根结底，提升短视频的 4 个核心指标的关键在于内容，好的内容具有让用户完播、点赞的价值，也更容易引导用户评论、转发。

5.7 如何回复留言

当用户对观看的短视频产生兴趣时，多半会饶有兴致地打开评论区，看看那些有意思的评论以寻求共鸣；当用户在观看短视频的过程中产生一些疑惑时，也会打开评论区寻找答案。我们一旦被某条评论所吸引，就会点赞表示肯定，或者受好奇心驱使，点触评论者的头像进入其个人主页一探究竟，这在无形之中也增加了一些流量。因此，我们在做好短视频内容的同时也要做好评论区的运营。

5.7.1 做第一个评论的人

做第一个评论的人可以用评论触发平台的算法机制，获得更多的推荐。更重要的是，如果第一条评论足够精彩，就可以带动观看短视频的用户进行回复。在一条又一条的回复中，一个个话题就会出现，流量也由此产生。

为了抢第一条评论，我们可以在创作这条短视频时就准备好评论，作品发布后就立即发表评论。不过，要想让这条评论产生"一马当先"的效果，为我们冲锋陷阵，博取更多的流量和更高的关注度，还需要使用一些技巧。

1. 评论要有一定的方向性

评论的内容既可以是对短视频所传达观点的重申，也可以是提升用户观看体验的有趣表达，但总体上要与视频内容的方向一致、步调一致，让用户通过这条评论可以更好地理解短视频内容。例如，我们可以在一条美食短视频的下面总结食物色、香、味的特点，调动用户的多种感官，为短视频添彩。

2. 评论要有一定的引导性

评论的内容要有一种"引力"，一方面吸引用户的眼球，提升短视频的完播率，另一方面引导用户借助这条留言再次评论，创造新的话题，从而吸引更多的用户驻足。例如，我们在一条探讨社会热点问题的短视频下面发表一些对当下社会现状的观点，引导其他用户对这条评论的内容进行讨论。

3. 评论要有一定的操控力

我们可以把这条评论当作伸向评论区的一双无形的手，让这双手拉近不同用户之间的距离，让他们可以在这条评论的基础上各抒己见，展开讨论，进而增加流量。同时，这双手也可以拉近用户与创作者之间的距离，让用户感觉到自己与创作者近在咫尺，进而稳固粉丝群体。

短视频用户普遍都有"看热闹"的心理，如果第一条评论能在评论区敲响第一声锣，那么更多优质评论也会纷至沓来，更多短视频用户也会紧随其后，在评论区驻足，我们的作品就可以从信息流中脱颖而出。

5.7.2　及时回复、点赞

用户在发表评论后，通常会短暂地停留一段时间，盼望得到创作者的回复。这就像我们上课时回答完老师的问题后，都会期待老师的回复和点评。如果你能在用户发表评论后第一时间回复、点赞，让用户在等待的过程中得到回应，就可以大大提升他们的参与感，同时提升他们对你的好感。

及时回复、点赞对粉丝经营尤为重要，不仅可以帮助我们维护与粉丝之间的关系，也能提高粉丝的信任度和忠诚度。如果粉丝发表评论后没有得到回复，就会觉得自己不被重视，产生一种类似于失望的心理。久而久之，粉丝就不想发表评论了，甚至还有可能取消关注。

及时回复说起来简单，但实际上非常耗费时间和精力。如果你处于运营初期，最好设置提醒功能，确保一有新评论就可以立即回复。哪怕只是一句"谢谢你的评论和关注"，也会让对方感到自己很受重视。

经过一段时间的积累，粉丝量比较大、一个人难以应对时，可以考虑专门安排一位运营人员负责回复评论。这样的投资是非常有必要的，否则"不及时回复评论"这件事就有可能被粉丝想象成"耍大牌"，给账号带来负面影响。

在及时回复评论的同时，我们也要给粉丝的精彩评论点赞。点赞是一种肯定和表扬他人的行为。心理学中的赫洛克效应表明，人人都渴望获得赞美和认同。粉丝评论我们的作品，一方面是在表达自己的观点和看法，另一方面也是在寻求肯定和认同。我们给粉丝评论点赞的行为，其实就是对他们的一种赞美和认同。当粉丝看到我们的点赞，就像小时候在课堂上回答问题后得到老师发的小红花一样，肯定心情愉悦。适当的点赞可以激发粉丝再次与创作者互动的动力。

我们要挑选一些比较精彩、点赞较多的评论进行回复、点赞，因为这些评论比较靠前，能被更多的用户看到。其他用户看到我们回复、点赞的评论后很可能也想发表评论、参与互动。这不仅提高了粉丝互动的积极性，还能改善互动率，提高账号权重。

5.7.3 每一条评论都回复

在短视频账号的成长期，我们最好回复每一条评论。此时，账号的发展还未进入成熟阶段，我们需要花费大量的时间和精力增强粉丝的黏性。历史上的周公在创业时期十分爱惜自己的人才，能做到"一沐三握发，一饭三吐哺"。短视频创作者也要珍视自己的粉丝，与粉丝建立长期稳固的关系。而且，回复评论也可以在一定程度上增加作品的曝光量。

在短视频账号的成熟期，我们可以有选择性地回复评论。此时，作品的评论量逐渐增多，我们可能没办法做到逐条回复，但也要尽可能浏览每一条评论，了解用户的反馈。当评论数在 500 以内时，回复率最好不低于 50%。当评论数达到 500 以上时，回复率最好不低于 30%。

1. 回复的原则

选择性回复的依据并不是个人的心情或喜好。例如，只回复评论区夸自己的评论或只回复说好话的评论并不是明智的做法。在回复评论时，我们要遵循以下原则。

（1）选择活跃度高的粉丝。活跃度高的粉丝，一来平时和我们互动多，十分了解我们作品的特性；二来也乐于帮助我们回复其他用户，获得更多的参与感。

（2）选择带有敏感话题的评论。评论区总会出现一些带有敏感话题的评论，我们要擦亮眼睛寻找，然后及时向用户解释清楚，及时排除风险和潜在的问题。

（3）选择"吸睛"的评论。用户在浏览评论时常常会被一些有特色的评论所吸引。我们选择比较"吸睛"的评论回复，可以有效吸引他们在评论区停留。

2. 回复的注意事项

我们在短视频评论区发表的任何言论都会影响个人IP，所以回复评论时不可以随心所欲，想说什么就说什么，尤其是在回复一些带有敏感话题的评论时更要谨慎。具体来说，在回复评论时要注意以下几点。

（1）**避免发生冲突**。仁者见仁，智者见智。有时候，我们作品里出现的一些矛盾点容易引发粉丝争吵。在回复这类评论时，我们要引导粉丝化解矛盾，千万不能站队。无论我们偏袒哪一方，都会引发另一方的不满。如果处理不当，甚至会遭到用户的投诉和举报。

（2）**适当使用疑问句**。一般来说，疑问句比陈述句更有吸引力。我们在回复评论时可以适当地使用疑问句，吸引粉丝对我们的回复进行思考，然后再次评论。

（3）**关照新增粉丝**。新增粉丝需要我们小心维护。维护得好，他们就可以转为忠实粉丝；维护得不好，他们就容易"粉转路"。我们坚持

每天与一些新粉丝互动，可以拉近与他们之间的距离，把他们转化为
"铁粉"。

5.7.4　追踪热点话题

短视频的内容要紧跟热点。同样的道理，评论的内容也要紧跟热点话
题。热点话题本身自带流量，可以快速获得用户的关注。如果我们能在评论
区巧妙借势热点，也能在一定程度上抢占流量高地。

大型节假日、毕业季这些常规型热点话题的持续时间比较长，粉丝的关
注时间也比较长，我们可以利用这些热点回复粉丝的评论。例如，过春节时
我们可以在评论区介绍自己家乡的习俗，与粉丝互动。其他粉丝看到我们的
评论后，也会争相在评论区分享自己家乡的习俗。

当一些突发型热点出现时，我们也要抢占先机，在讨论度最高的时候及
时在评论区与粉丝互动。例如，热点话题"专家建议退休年龄延至 65 岁"引
发了广大网友的火热讨论，我们可以适时地利用这个热点话题，在评论区引
导粉丝对退休年龄进行讨论，发表自己的看法。

但是，不是所有的热点话题都适合出现在评论区。热点话题是一把双刃
剑，用得好能帮助我们提高作品的曝光率，用得不好反而会破坏粉丝对账号
的认知和对创作者的好感。因此，我们要在了解粉丝画像的基础上，选择符
合自己账号特性的热点话题回复评论，最好把热点话题与自身的创作领域深
度结合起来。

举个例子，如果是美食类账号，就不要在评论区回复一些关于娱乐圈的
热点话题，最好回复一些关于节日和节气的话题。这样不仅能吸引更多用
户，而且能为短视频里出现的美食烘托氛围。

5.7.5　引导粉丝互动

在回复中引导粉丝继续互动是很重要的。如果你只是用"谢谢关注""说得对""给你点赞"这种话进行回复，一开始可能还可以让粉丝感到自己很受重视，时间长了就会让粉丝产生厌倦感，还不如不回复。因此，我们在回复评论的同时还要借助一些技巧引导粉丝持续互动，增强粉丝的参与感和黏性。

1. 内容引导互动

我们在回复评论时可以通过一些有话题性、趣味性、引导性的文案吸引粉丝继续发表评论，进行互动。例如，我们可以在一条夸赞美妆短视频的评论下方回复："你最喜欢博主哪一期的妆容风格？"这样回复不仅能引发粉丝对妆容风格的讨论，还能引导他们观看往期的美妆短视频。

2. 活动引导互动

在评论区发起活动最能激发粉丝的参与感。活动要有一定的难度和趣味性，只有这样才能激发粉丝的挑战和竞争意识。另外，我们发起的活动也要有相应的奖励机制，让粉丝有收获感。奖品既可以是优惠券，也可以是"最强脑洞"这样的荣誉称号。例如，服装穿搭类账号在评论区开展"挑战一周穿搭不重样"的活动，引导粉丝投票选出服装穿搭最出彩的人，奖励是短视频里出现的同款服装。关注服装穿搭类账号的用户一般都对这个领域比较感兴趣，他们可能已经研究了很长时间却没有实践的机会，也可能想要通过拔得头筹展示自己的风采。无论出于哪种原因，都会让他们跃跃欲试，而不参与活动的用户也可以通过围观和投票获得参与感。

3. 矩阵引导互动

如果你打造了短视频账号矩阵，也可以借助矩阵的力量在评论区创造话题，引发互动。

例如，有的博主一人分饰几角，每个角色都有相应的账号。他们在发布一条短视频后，每个账号都会留言，在评论区上演幽默剧情，与粉丝互动。粉丝们觉得有趣的话，甚至会通过"@"功能喊自己的好友来评论区凑热闹。

5.7.6 用视频回复

抖音平台已经推出了视频回复功能。我们在回复评论时，如果觉得文字表达不充分，还可以用视频回复。视频更加直观，带给粉丝的体验也比较好，信息量比文字要多得多。

在抖音平台上发表视频回复的操作方法是：进入短视频评论区，选择自己想要回复的评论，长按这条评论就会出现一个功能框，选择"视频回复"选项即可进入视频回复页面。用于回复的视频既可以是相册里已有的素材，也可以是即时拍摄的一段视频。我们编辑好视频后，点触右下角的"下一步"按钮，然后在弹出的页面中根据个人喜好对视频进行描述，再点触"发布"按钮即可完成发布。

用于回复的视频拍摄起来比较简单，但需要注意以下几点。

1. 主题明确

无论选择已有素材还是即时拍摄视频，我们的目的都是回复评论。所以，回复视频里不要出现一些答非所问的话，以免偏离主题。

2. 注意措辞

用于回复评论的视频相当于一次与粉丝的面对面交流，所以一定要注意措辞。我们在视频中要尽量使用比较亲切的话语，态度要诚恳，尽可能让粉丝产生好感。

3. 与原视频有一定的关联

如果粉丝的评论是对作品本身提出的看法或疑惑，我们回复粉丝评论的视频就要与原视频有一定的关联，用回复评论的视频弥补原视频的不足之处。例如，粉丝在一条探讨女性成长的情感类短视频下面评论"孤独"，我们就可以在回复评论的视频中简单阐述在女性成长过程中自由与孤独的关系，一方面安抚粉丝的情绪，另一方面在评论区通过话题引流。

做好评论区运营对短视频创作者来说是很重要的，其核心在于回复留言。一位优秀的短视频创作者，不仅要学会输出优质内容，打造爆款短视频，更要善于利用回复为短视频引流，为变现创造条件。

第 6 章

直播运营：赋能主播，撬动流量

　　短视频与直播的关系密不可分，通过直播带货形成变现闭环是大部分短视频创作者的必然选择。主播既是直播间里的销售员，也是直播活动的主持人，更是商品与用户之间的桥梁。那么，应该选择什么样的人做主播？主播需要具备哪些基本素养？开播之前要做哪些准备工作？在直播过程中，主播如何与粉丝沟通、销售商品？主播需要注意什么？这些问题都是直播运营中需要重点关注的问题。

　　从某个角度来说，每一位短视频创作者都有成为优秀的带货主播的潜质，尤其是已经在短视频中出镜口播的创作者。例如，董红老师曾经也是一个比较内向的人，她之前从不敢想象自己可以在观众多达几万人的直播间里销售商品，但她最终做到了。在这背后是一条又一条短视频的历练，更是一场又一场知识分享直播的实践。因此，大家对自己是否能够胜任带货主播这件事不必过于担心，你需要做的其实很简单：做好准备，划定不可触碰的红线，然后在直播间里大声地和粉丝打招呼！

6.1　直播间主播的基本素养

　　什么样的人适合做主播？

　　很多人会把颜值放在第一位。事实上，颜值并不是最重要的，有观众缘才是第一位的。平易近人的主播对观众更有吸引力，更容易让观众产生信任感。从这个角度来说，带货主播最好是女性。因为与男性相比，女性在亲切感这个方面往往更有优势。

　　除了亲切感，主播还要具备"网感"，没有"网感"的主播很难带来流量。所谓"网感"，是指网上的年轻群体对内容的喜好和审美特点。判断一个人是否具备"网感"，最简单的方法就是看他会不会发自拍，是不是经常发朋友圈，朋友圈是不是全部可见。微信是大家最常使用的展现自己、表达观点的平台，如果连这些都做不到，就很难成为主播，也难以带来更多的流量。

最后，带货主播最好拥有线下销售的经验，能言善辩，有一定的幽默感，并且能够放下架子，有一定的感染力。

以上只是做带货主播需要迈出的第一步。要想真正成为出色的带货主播，还需要提升心理素养、技能素养、知识素养和形象素养。

6.1.1 心理素养

"不敢面对镜头"是绝大部分主播面临的第一道心理难关。这也是前文提到不会、不愿意自拍的人不适合做主播的原因。

> **如何消除害怕镜头的心理障碍**
>
> （1）**练习自拍**。保持随时随地自拍的习惯，并且把自拍照片发到朋友圈，久而久之，就能练出"厚脸皮"。
>
> （2）**对着镜头对话**。善于看镜头，在镜头里保持自然、松弛状态的人更容易让观众产生亲切感。要想做到这些，就要具备对着镜头说话的能力。面对镜头时，我们可以想象自己是在和朋友说话、讲故事，尽可能让自己放松下来。
>
> （3）**不断回看镜头前的自己**。以观众的角色反复回看镜头前的自己，就会慢慢习惯自己在镜头里的样子，慢慢找到镜头里更适合自己的表情、动作，慢慢爱上镜头里自信、自然的自己。

当你突破了对镜头的恐惧感后，往往会碰到第二道心理难关——想要放弃。几乎每一位新手主播都会经历一段粉丝少、流量少、销量低的日子。毫无疑问，这是一个非常难熬的阶段，主播需要承受极大的心理压力，不仅要在直播间没有粉丝的情况下自言自语，还要面对一些不友好的评论，承受销售业绩带来的压力。这时，最好也是唯一的应对办法就是坚持。一旦放弃，之前付出的一切就都归零了，即便想要重新开始，也很可能没有勇气了。

新手主播第一周的心态

第一天：非常紧张，表达不清楚，说话卡顿、没有逻辑。

第二天：不紧张了，但是在线人数极少，没有激情，没办法好好地介绍商品。

第三天：投放了流量，在线人数突然达到 1 000 人，整个人直接懵了。

第四天：表达流畅，也很有激情，但是转化为零。

第五天：很有激情，但是直播间里有很多批评主播的声音，心态影响了直播节奏。

第六天：销量提高了，心情很激动，结果不小心说了违禁词，被平台强制下播。

第七天：我是不是不适合做带货主播？

你是不是通过这些心态的变化窥见了自己的影子？事实上，这就是绝大多数新手主播在第一周的心路历程。这也是一个优胜劣汰的过程，只有坚持到底的人才有机会成为最终的胜利者。

合格的主播心态

（1）**人少不怠慢，人多不慌张。**哪怕直播间只有 1 名观众，也要像线下销售员接待顾客那样，认真地讲解商品，保持亲切、自然的状态。哪怕直播间有几十万名观众，也不要慌张，只需要像面对 1 名观众时那样从容地介绍商品即可。

（2）**充满激情而不激动。**充满激情是一种爆发性的、短促的情绪状态，能够快速感染用户。激动则是指由于受到刺激而产生情感冲动，人们常说"冲动是魔鬼"，对带货主播来说更是如此。

（3）**人少以用户为主，人多以主播为主。**如果直播间的观众比较少，在 10 人以下，最好以用户为主展开话题，如"你们最想聊什么""你们最想看哪一款商品"，既可以避免冷场的尴尬，又可以提升观众的体验。如果直播间的观众比较多，就不宜以用户为主展开话题，最好按照主播自己的节奏有序展开直播。

6.1.2　技能素养

良好的心理素养能让你从容地走进直播间，良好的技能素养则能让你的带货表现更出色。通常来说，带货主播需要具备的技能素养主要包括四个方面——展现力、表达力、互动力、把控力。

1.展现力

展现力主要体现在主播的气场、肢体语言、展现商品的程度三个方面。

（1）**气场，即主播个人气质对直播间产生的影响。**主播的气场是指其传递给观众的一种值得信赖、令人舒服的感觉。气场强大的主播对自己、对商品有足够的自信，并且在销售商品的过程中态度十分笃定，让用户感到非常值得信赖。

（2）**肢体语言，包括肢体动作、表情、神态等**。优秀的带货主播会设计一些有个性的肢体动作，而且会保持热情、亲切的表情和神态。可以想象一下，当我们进入一个直播间，看到一位冷着脸的主播，恐怕会立即离开，根本不想了解他介绍的是什么商品。从某种意义上来说，肢体语言展现的其实是主播的个人魅力。

（3）**展现商品的程度，即主播在直播间对商品的外观、成分、细节等不同维度的展示效果**。例如，主播在直播间展示苹果时，首先拿起苹果靠近镜头，让用户看到苹果的色泽、大小；然后切开苹果，让用户看到苹果的水分、新鲜度等；最后通过试吃展示苹果的口感。

2. 表达力

表达力是指通过语言与粉丝建立关系，引导粉丝互动。对主播来说，口才和知识储备比颜值更重要，直播间就是主播展现自己和商品最好的场所。

主播提升表达力的 4 个小技巧

（1）**学会对着手机讲故事**。无论观看直播还是短视频，用户肯定不愿意听长篇大论，而是更愿意听故事。例如，"主播为了这场直播准备了很长时间，一直不敢开直播。因为我一直是做农业的，做农业的人不擅长表达，面对镜头都会晕，不太会做直播……"这种描述可以将用户快速带入自己的直播场景，吸引他们留下来。记住，每个人都更愿意听故事，而想听高谈阔论的人绝大部分都不在直播间里。

（2）**结合文案传递情绪**。面对短短几十字或不到 100 字的文案，你必须代入自己的情绪，用情绪感染他人，而不是干巴巴地读一遍。对短视频和直播来说，点赞、停留的背后是认同，而认同在很大程度上是感性层面的。用户认为"你打动了我"或"你的一些话语触动了我的泪点、笑点或痛点"，就愿意给你点赞，愿意留在你的直播间里。

（3）**表情的变化，声音的起伏。**我们在看直播的时候，第一眼看到的一定是主播。就像老师上课一样，如果老师的表情很丰富，声音有起伏，就很容易吸引学生的注意力；如果老师全程保持一个表情，或者声音没有任何起伏，学生听课时肯定味同嚼蜡。因此，主播在表达时一定要注意表情和声音的变化，尽量做到抑扬顿挫。

（4）**匹配音乐的节拍和律动。**音乐是人类共同的语言。不管对方是谁、身处何地、讲什么语言，对音乐的感觉和理解基本是一致的。直播节奏最好与音乐节拍相匹配，如果你能做到每个直播环节都有卡点音乐，效果就会非常棒。

3. 互动力

互动力是指主播与直播间粉丝互动的能力，主要包括解答问题、促单、引导关注等。

主播如何提升互动力

（1）**解答问题。**解答问题是指解答用户在评论区提出的关于商品的问题，如商品型号、大小、颜色、品质、搭配、使用方法等。为了更好地解答这些问题，主播必须对商品有充分的了解，最好现场替用户试穿、试用、试吃，消除用户的疑虑。

（2）**促单。**互动的最终目的是成交，互动力强的主播可以在良好的互动氛围下让用户愉快地下单。

（3）**引导关注**。引导关注的目的是改善直播间的相关数据。主播在直播过程中要随时了解直播间的各项数据，在与用户的互动中有针对性地改善相关数据。

4. 把控力

把控力是指主播对脚本的掌握、对粉丝的号召、对突发情况的处理、对整场直播的把控。直播间看似只有方寸之地，实际上往往有几万、几十万甚至几百万用户，人多、嘴杂、事繁，任何突发情况都有可能发生。主播作为整场直播的主持人，必须具备超强的把控力，确保直播顺利完成，用户可以在直播间获得良好的体验。

主播如何提升把控力

（1）**熟悉脚本**。脚本是把控直播节奏的有效工具之一，主播最好亲自参与脚本撰写，在脚本完成后还要反复翻看、对词，做到熟记于心。

（2）**号召粉丝**。不管只有个位数粉丝，还是有上百万粉丝，如果主播不具备号召力，不能调动粉丝下单购买，销售业绩自然不高。

（3）**应变能力**。一旦遇到突发状况，主播的反应将直接影响直播间的氛围和直播效果。只有临危不乱、淡定处理，才能让直播继续进行下去，否则就会乱作一团，甚至被迫下播，而这往往意味着该主播的职业生涯就此结束了。

6.1.3 知识素养

主播需要具备与直播相关的专业知识，否则很可能陷入"有流量却接不住"的困境，或者因为说了不该说的话而被禁播。随着直播行业的管理越来越规范，后面这种情况屡见不鲜。

通常来说，带货主播必须掌握 4 个方面的专业知识，如图 6-1 所示。

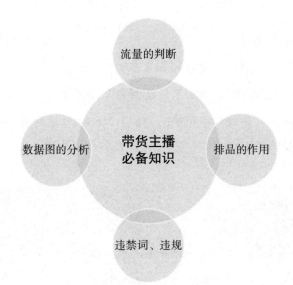

图 6-1　带货主播必备知识

1. 数据图的分析

直播平台会提供直播间的各项数据，包括流量来源、累计成交金额、商品转化情况等，如图 6-2 所示。这些数据对直播间来说具有重要的参考价值，主播必须全面了解这些数据并做好分析。

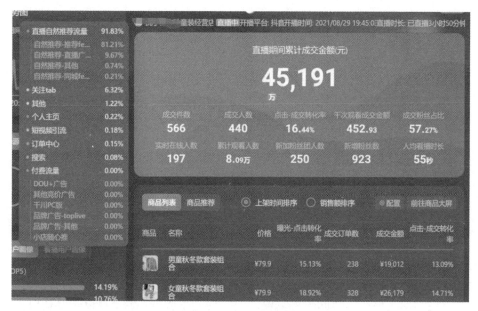

图 6-2　直播间数据分析

2. 流量的判断

流量的判断主要分为两个方面，一方面是流量来临时刻的判断，另一方面是流量更新时刻的判断。

（1）**流量来临时刻**。当直播间瞬间涌入大批流量时，主播要做好承接，通过改变话术、调整商品排序等方式转化这些流量。

（2）**流量更新时刻**。当主播感觉直播间的流量已经换了一波时，就要切换为初始话术，引导新一波流量，改善直播间的相关数据。

3. 排品的作用

主播不仅要了解排品，知道先介绍什么商品、后介绍什么商品，还要了解排品背后的逻辑，这样才能在介绍商品的时候抓住重点，做到有的放矢。

（1）**福利款商品**：不是最便宜的，但一定是性价比最高的商品，同时也是爆品。

（2）**利润款商品**：直播间的主打商品，其他产品都是围绕这款商品做的，其作用是提升直播间的销售额。

（3）**承接款商品**：用于在福利款商品后筛选精准流量，同时也是爆品。

（4）**形象款商品**：有可能大量出单，也有可能成为"炮灰"，价格远超利润款商品，用于衬托其他商品的价值。

4.违禁词、违规

违禁词是指在直播间不可以说的一些词。注意，主播不可以在直播过程中提到其他平台。例如，在抖音上做直播时不可以提到淘宝、京东、唯品会、微信等，否则就会被认定为站外引流。此外，主播还要遵守《广告法》的相关规定，不要使用极限词。

💡 直播间要避开的极限词

（1）包含"最"字的词，如"最好""最佳""最爱""最赚""最优"等。

（2）含有"第一"意思的词，如"中国第一""全网第一""销量第一""NO.1""TOP1"等。

（3）代表权威性的禁用词，如"质量免检""老字号""中国驰名商标""特供""专供"等。

（4）与首、家、国有关的词，如"首个""首选""全国首家""全网首发""独家""全国销售冠军"等。

（5）"国家级"（相关机构颁发的除外）"世界级""顶级"等。

（6）显示品牌地位的词，如"王牌""领导品牌""世界领先""遥遥领先"等。

（7）表示绝对、极限但无法考证的词，如"史无前例""万能""100%"等。

（8）涉嫌欺诈的词，如"点击领奖""恭喜获奖""全民免单""点击有惊喜"等。

（9）涉嫌虚假宣传的词，如"永久""万能""祖传""特效""无敌"等。

违规不仅包括违反与直播电商相关的政策法规，还包括违反直播平台的规定、规范等。主播必须在直播间外下功夫，深入了解、研究这些法规、规范，最好熟记于心，这样才能最大限度地避免违规。

6.1.4　形象素养

前文提到，对主播来说，颜值不是最重要的，但这并不是说形象不重要，毕竟颜值不等于形象。主播的形象是指其向粉丝展示的形象，包括外表、行为、状态等。一位外表整洁、行为得当、状态积极的主播更容易让观众产生信任感。

具体地说，主播要从外表管理和行为管理两个方面提升自己的形象素养。

1. 外表管理

不管颜值如何，主播都要管理好自己的外表，保持干净、整洁的形象，让粉丝感到自己对直播的重视。外表管理主要包括妆容、发型、服装、饰品等方面。

（1）**妆容**。主播的妆容要根据人设定位和商品销售需求设计。如果主播的人设定位是人淡如菊的知识女性，却化了浓艳的妆容，粉丝很可能觉得自己受到了欺骗。如果主播主要销售彩妆类商品，却素颜出现在直播间里，就会影响试用效果。只要符合人设定位和商品销售需求，淡妆浓抹总相宜。

（2）**发型**。主播的发型保持干净利落、清爽即可，不用做复杂的造型，否则反而会让人产生喧宾夺主的感觉。

（3）**服装**。主播的服装搭配与妆容设计类似，都要符合人设定位和商品销售需求。注意，主播的着装要得体。

（4）**饰品**。主播的饰品只需发挥简单的装饰效果即可，不宜夸张，否则容易喧宾夺主。当然，如果你的人设定位是特立独行，就佩戴你喜爱的、可以彰显你个性的饰品吧。

2. 行为管理

行为管理是指主播对自己在直播间里的行为进行管理，目的是展现自己的良好素质和个人魅力。尤其是在试吃环节，吃相是否雅观、真吃还是假吃都会影响用户，可能一个动作就决定了用户是留下还是离开。不仅如此，直播行业的监管越来越完善，各个直播平台也陆续出台了自己的直播间管理规范，对主播的行为提出了具体的要求。如果主播的行为违规，就会受到平台的惩罚。

视频号直播间部分违规画面

（1）孩子出镜，未成年人参与直播。

（2）不当展示国家或国家机关的标志、徽章，如国旗、国徽等。

（3）涉及黄、赌、毒的内容，如色情影片或照片，长时间暴露私密部位，展示赌球、赌马、老虎机、扑克、麻将等赌博相关内容，讲解毒品制造过程、吸毒等。

（4）侵犯他人合法权利，如肖像权、名誉权、商标权等。

（5）侵犯他人隐私，如偷拍，公布他人联系方式、聊天记录等。

（6）盗播、转播知识产权属于他人的内容或泄露他人商业机密。

（7）投资、融资类内容，如推荐股票、网贷，推销证券、期货，提供有偿咨询服务。

（8）暴力和恐怖画面，如虐待、杀害动物，殴打、暴力威胁他人。

（9）假吃、以催吐方式进食、宣扬量大多吃、胡吃海塞、暴饮暴食等内容。

（10）展示使用（仿真）刀具、枪支，表演危险动作。

（11）未经资质审核，发布新闻或时政信息。

（12）未经资质审核，发布募捐、筹款等公益慈善类内容。

（13）迷信类内容，如算命、法术、驱鬼、预测运势等。

（14）未经资质审核，宣传医疗服务、药品、医疗器械、农药、兽药、保健食品、烟草、成人用品等。

（15）解说或展示未取得文化行政部门内容审查批准文号或备案编号的网络游戏产品。

（16）推广未经允许的第三方平台服务，如其他平台的二维码、外部链接等。

（17）引导线下交易，导流至其他平台交易、银行卡交易。

（18）展示、宣传假币，或出现人民币等纸币。

（19）主播离开直播间，画面长时间不动，没有声音。

（20）录播，一人多机位直播或录播等。

6.2 开播前要做的准备工作

机会属于有准备的人。做好开播准备可以让主播对直播的各个方面做到心中有数，从而提升直播效果。通常来说，主播在每次开播前都要做好三个方面的准备工作——内容、流量和目标，如图 6-3 所示。

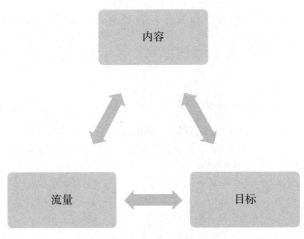

图 6-3　开播前的准备工作

6.2.1　内容

直播不是随意地聊天，直播带货更不是。对主播来说，开播前如果不准备好直播的内容，开播后不仅有可能手忙脚乱，还会影响转化。具体来说，主播需要准备的内容包括两个方面——商品内容和脚本内容。

1. 商品内容

商品内容包括选品、排品，以及商品卖点的挖掘、价格分析对比等。

（1）选品。选品的关键是明确粉丝的特点及需求。此外，还要根据本场直播的主题和定位选出福利款、利润款、承接款、形象款四个类别的商品。

（2）**排品**。排品是指排出商品的主次先后，让用户保持好奇心。

（3）**商品卖点的挖掘**。从商品的款式、功能、成分、色彩、使用感受等维度挖掘商品卖点。记住，卖点实际上是"买点"。站在卖家的角度看，商品都是好的，但买家不一定买账，能够促进销售的卖点一定是从买家的角度挖掘出来的"买点"。

（4）**价格分析对比**。在市场中，价格是永恒的话题。直播间里的商品价格是影响转化的首要因素，所以主播在开播前一定要对价格做分析对比，在直播过程中可以通过比价、比质、品牌效应、明星代言等凸显自身优势，降低用户对价格的敏感度。

2.脚本内容

通过完善的直播脚本确定直播流程、话术是开播前一定要做的准备工作。通常来说，脚本包含直播的每一项流程，如表 6-1 所示。

在直播脚本中，最核心的内容是对每个时间段直播内容的安排。以 2 小时的直播为例，通常按每 10 分钟一个时间段规划直播内容，对该时间段主播要做什么、副播或助理要做什么、后台或客服要做什么做详细的安排，同时还要备注关键行为，如"注意回复问题＋下单指导""粉丝维护＋持续引导关注及加粉丝团"等。

除了这种对整场直播进行规划的脚本，我们还要为重点单品或循环单品专门撰写脚本，内容涵盖介绍时长、卖点描述、互动引导、促单销售等，并且准备好相关的话术，如表 6-2 所示。

表 6-1　直播脚本

直播主题							
直播时间				播出时长			
流程安排	内容	商品	说明	主播	副播／助理	后台／客服	备注
9：00—9：10	热场交流+秒杀福利（1次热场）	—	跟粉丝聊喧+本场福利介绍+刺激互动	跟粉丝互动+抽奖送福利	引导关注	粉丝推送+粉丝互动（备注中奖信息）	福利预告，欢迎+点爱心+邀请关注
9：00—9：15	爆款预热	爆款1款	强调价值+鼓励转发直播间+组织点赞+刺激互动	商品讲解+秒杀+下单指导	讲解补充+回复问题+福利预告（抽奖或秒杀时间）	回复后台问题或商品维护	把人气拉到最高点
9：15—9：35	第一批带货	第一批利润款（2款）（拉高利润）	商品介绍+引导互动+活动介绍+突出限时限量	商品讲解+秒杀	讲解补充+回复问题+福利预告（抽奖或秒杀时间）	回复后台问题或商品维护	注意回复问题+下单指导
9：35—9：40		秒杀福利款（2次热场）	缓解疲劳+激活互动+促进留存	跟粉丝互动+送福利	引导关注	粉丝推送+粉丝互动（备注中奖信息）	告知秒杀规则及领取方式
9：40—9：45		爆款1款	强调价值+鼓励转发直播间+组织点赞+刺激互动	商品讲解+秒杀+下单指导	讲解补充+回复问题+福利预告（抽奖或秒杀时间）	回复后台问题或商品维护	看人气值，掌控人气

（续表）

流程安排	内容	商品	说明	主播	副播/助理	后台/客服	备注
9：45—10：05	第一批带货	第二批利润款2款（拉高利润）	商品介绍+引导互动+活动介绍+突出限时限量	商品讲解+秒杀	讲解补充+回复问题+福利预告（抽奖或秒杀时间）	回复后台客服问题或商品维护	注意回复问题+下单指导
10：05—10：15	过款	第一批第二批过款	商品介绍+突出限时限量（后台存库数量）	商品讲解+追销	回复问题+商品展示	回复后台客服问题或商品维护	注意回复问题+下单指导
10：15—10：20		爆款1款	强调价值+鼓励转发直播间+组织点赞+刺激互动	商品讲解+秒杀+下单指导	讲解补充+回复问题+福利预告（抽奖或秒杀时间）	回复后台客服问题或商品维护	看人气值，掌控人气
10：20—10：25	第二批带货	形象款	商品介绍+引导互动+活动介绍	商品讲解+秒杀	讲解补充+回复问题+福利预告（抽奖或秒杀时间）	回复后台客服问题或商品维护	注意回复问题+下单指导
10：25—10：30		秒杀福利款（3次热场）	缓解疲劳+刺激互动+促进留存	与粉丝互动送福利	引导关注	粉丝推送+粉丝互动（备注中奖信息）	告知秒杀规则及领取方式

（续表）

流程安排	内容	商品	说明	主播	副播/助理	后台/客服	备注
10：30—10：40	第三批带货	利润款2款（拉高利润）	商品介绍+引导互动+话动介绍+突出限时限量	商品讲解+秒杀	讲解补充+回复问题	回复后台客服问题或商品维护	注意回复问题+下单指导
10：40—10：55	过款	第一批、第二批、第三批过款（补单）	商品介绍+突出限时出款（后台库存数量）	商品讲解+追销	回复问题+商品展示	回复后台客服问题或商品维护	注意回复问题+下单指导
10：55—11：00	收尾+预告	—	跟粉丝寒暄+鼓励关注+预告下一场直播时间	寒暄拉近距离+提示加粉丝团	提示加粉丝团	梳理数据	粉丝维护+持续引导关注及加粉丝团

表 6-2　循环单品脚本

×× 女装循环单品脚本		
商品介绍时长	7 ～ 10 分钟	
引出卖点	1 分钟以内	询问观众有没有问题，如身材娇小、皮肤偏黄等
描述卖点（3 ～ 4 个卖点）＋互动引导（穿插卖点）	5 分钟	**卖点：显瘦、显高、不挑身材、久泡不掉色** 话术："这件衣服也适合 130 斤的人穿，而且背后高腰加收腰的设计非常显瘦、显高。这个腰带一松开，看看这件衣服的包容度，怀孕 3 个月以内的放心穿。我表姐正好在哺乳期，刚生完宝宝 2 个月，我送给她，她穿起来可美了。所以，这件衣服对身材几乎是没有要求的。姐妹们，请看这里，什么叫专柜品质？（从水里拿出来一件正在讲解的衣服）专柜品质就是不管泡多久都不掉色！姐妹们，所见即所得，今天 179 元的价格，到手的是 499 元、599 元的质感，你收到货后自己泡一下，如果掉色，给我退回来，邮费都不要你出。姐妹们，今天的福利是多少姐妹加粉丝团，就给你们上多少件！是的，小哥帮我统计人数……" （1）**加粉丝团**（"不会加粉丝团的不要着急，我们上方有红包，大家可以领一下！"） （2）**点关注** （3）**公屏互动**（"准备好了没有，准备好的姐妹们打 '6'；想要我们 1 号链接福利的姐妹们打 '1'……"）
促单销售	2 分钟	全渠道比较（门店、网店、其他直播间）、秒杀价格、显示优惠价格、前 3 单价格，粉丝团下单有赠品

　　除了单品脚本，过款脚本也要事先准备好，因为过款通常时间短、任务重，提前写脚本可以有效地避免疏漏。过款脚本如表 6-3 所示。

表 6-3　过款脚本

×× 饰品过款脚本	
商品介绍时长	4 ～ 7 分钟（新手），30 分钟之内 5 ～ 6 款商品（新手）
引出卖点	引出商品，评论区引导互动 话术："我们家的很多老顾客都买过，来，买过的老顾客在直播间评论发一波感受！"

（续表）

		商品展示：主要卖点，试穿、试戴，整体效果
描述卖点（3～4个卖点）+ 互动引导（穿插卖点）	3分钟	话术："不是只有夏天需要防晒，一年到头都需要防晒。很多人一直想要的防晒乳，今天给大家拿上来。这个我一直舍不得拿出来做福利，但是因为今天大家在公屏上的表现太牛了，咱家的每一位粉丝都没有让我失望，所以直接给大家做福利，好不好？给我打个'好'。你们平时买的100多元……"
促单销售	2分钟	倒计时秒杀、秒杀价格、限时优惠价格，只给粉丝发货（"我告诉你们为什么要在我的直播间买"）

脚本内容越详细越好，因此，我们在撰写脚本时要仔细核实每一个细节，力争做到具体、细致，确保有备无患。

6.2.2 流量

流量体现了直播间的人气，在很大程度上也决定了直播带货的销量。因此，每场直播开播前都要进行预热引流。通常来说，我们可以运用以下4个预热技巧进行预热引流。

1. 视频预热

直播前2小时发布预热短视频是众所周知的直播带货技巧，我们可以通过短视频告知用户直播时间和优惠活动，并通过文案和口播突出价格优势、直播间福利等。在日常发布的短视频中可以提及下一场直播的时间、重点产品、优惠福利等。

2. 评论预热

在短视频的评论区发表评论，提示下一场直播的时间，邀请粉丝观看直播，回答粉丝的问题，也可以引导粉丝进入直播间，增强互动。

3. 直播预热

在前一场直播结束时可以预告下一场直播的产品和优惠，引导粉丝关注下一场直播。

4. 多渠道引流

我们可以充分利用微信、社群、微博等渠道告知粉丝下一场直播的时间和优惠福利。

6.2.3 目标

直播带货的首要目标是实现高销量、高销售额，这是既定的目标，不需要做特别的准备。需要做准备的目标主要是数据目标，因为没有数据就没有流量。

对于一场直播，平台主要考核 5 项数据——点赞数、评论数、付费人数、停留时长和新增粉丝数。

（1）点赞数。平台对点赞数没有明确的要求，但一般认为越多越好，尤其是开场阶段。

（2）评论数。虽然每位用户在每场直播中只能发表一次有效评论，但是大量的评论有助于直播间营造良好的氛围。

（3）付费人数。主播在直播过程中要经常与用户互动，引导用户做出亮灯牌等付费行为。

（4）停留时长。无论直播还是短视频，停留时长在考核中的权重都很高。只要用户长时间停留，其他数据就会显著提升。

（5）新增粉丝数。新用户进入直播间，第一次点关注，就属于新增粉丝。这时，主播要及时与他们互动，表示欢迎、感谢，将其他尚未点关注的用户转化为新增粉丝。

做数据一定要直截了当，平台考核什么数据就做什么数据。对新手来说，开播前一定要了解平台考核哪些数据、标准是什么，只有这样在直播过程中才能做到有的放矢，有针对性地提升各项数据。

新手开播前 3 天怎么做

新手开播第一天，开播前要发作品；

记得分享直播间，自我介绍要真实；

心态一定要调整，状态积极又热情；

坚持直播很重要，分享经历和过程；

互动点赞必须有，来人欢迎并感谢。

新手开播第二天，发放福袋和红包；

免费赞赞戳一戳，粉丝灯牌要点亮；

增加 100 亲密值，公平互动交朋友；

引流款来发福利，大众消费刚需品；

感谢家人来下单，快把宝贝带回家。

新手开播第三天，设置封面很重要；

同城位置要打开，开场介绍要简洁；

围绕主题来带货，分享收获和成绩；

榜上大哥点关注，互动一波来互粉；

进来宝宝戳赞赞，互帮互助一家人。

6.3　主播在直播间的沟通和应变技巧

直播带货是一种新的营销和销售方式，主播在直播间里不仅扮演着销售员的角色，实际上还承担着打广告、宣传的责任。因此，主播的一言一行都有目的，并且要十分谨慎，一定要避免因为言语不当而违规受罚。

带货主播的沟通和应变技巧主要体现在介绍产品、承接流量、切款、引导关注、引导用户停留、引导互动、进行情感演绎、促进成交等方面。

6.3.1 如何介绍产品

介绍产品并不是想到哪里就介绍哪里、看到哪里就介绍哪里，这样做往往会给用户带来不好的体验。通常来说，介绍产品可以分为 7 个环节，即产品卖点、深挖优势、品牌优势、直播优惠、需求引导、用户评价、限时限量，如图 6-4 所示。

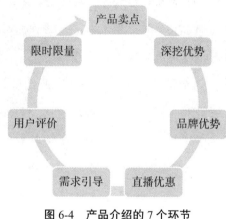

图 6-4　产品介绍的 7 个环节

1.产品卖点

卖点越多越好还是越少越好？试想，当你走进一家餐厅后，服务员递给你一本厚厚的菜单，你是不是看到最后依然不知道点什么菜，最后只好换一家餐厅？而另一家餐厅只递给你一张纸，上面只有 3 个特色菜，你是不是轻轻松松就点好菜了？因此，产品卖点不在于多，而在于精，最多突出 3 个卖点就可以了。

在挖掘产品卖点时，要由表及里、由上而下，对产品进行全面剖析，然后逐项描述产品的款式、功能、成分、色彩、使用感受等。在撰写产品卖点文案时，可以采用以下技巧。

（1）制造对比。大多数农产品都存在同质化竞争的问题，制造对比可以凸显自己农产品的优势。农产品对比通常是地域性的对比。例如，低海拔地区的橘子可以和高海拔地区的橘子做对比，因为高海拔地区昼夜温差大，有利于糖分堆积，所以高海拔地区的橘子比低海拔地区的橘子甜。

（2）去抽象化。写文案的目的是让用户记住产品，说服用户购买产品。例如，"这种橘子的含糖量是50%"这种描述方式难以帮助用户判断橘子到底甜不甜，而"我的橘子甜过初恋"这种描述方式就很容易让用户产生生动的联想，进而产生购买的意愿。

（3）调动情绪。调动情绪不是做所谓的"悲情营销"，而是通过讲故事或抒发情感的方式打动用户，在精神和情感上与用户建立连接。例如，卖红薯粉条的主播可以说："大家知道红薯是怎么变成我手里的这种红薯粉条的吗？首先，我们需要把红薯冲刷干净，否则杂质会影响淀粉品质。清洗后，经过粉碎、过筛、抽浆、沉淀等工序，最后淘洗粉面，去除杂质。去除杂质后，将红薯浆静置一段时间，排放沉淀物上层浊水，重新注入清水，再次沉淀。如此反复多次，才能做出高品质的淀粉。经过多次沉淀后，放干漂洗水，取出淀粉晒干，去除水分。别小看这小小的粉条，经过十几道传统工序才能做出来，并没有那么简单。"这种对产品制作工序和细节的详尽描述很容易打动用户。

2. 深挖优势

主播要选择能够打动用户的卖点，通过展示、重复等方式突出这些卖点。

（1）**展示产品**。主播一定要在直播间现场展示产品，并不断讲解其特点和优势。如果是水果，可以切开品尝，描述口感；如果是食品，可以现场烹饪，介绍成分、营养价值、烹饪方法等。

（2）**重复利益点**。主播要多次重复利益点，突出价格优势及优惠福利。直播间会不断涌入新用户，重要的信息一定要反复讲，只有不断强调才能促进转化。重复利益点时不要滥用形容词，要多说粉丝能直接看到或感受到的点，如"量足""很快就吸收了""手感非常柔软"等。

3. 品牌优势

介绍原产地优势、讲述品牌故事、对比同类产品也是非常重要的技巧，有利于增强产品介绍的可信度与品牌形象。例如，主播可以说："我们做粉条已经有 16 年了。这 16 年来，我们始终精益求精，每个环节都亲力亲为，力求做出品质最好的粉条。与普通粉条相比，我们的粉条口感更好、更筋道、更光滑，煮熟后过凉水放很久都不会黏成一团，一抖就能散开。"接着，主播可以介绍如何辨别真假粉条，展示自己的专业性，这样就能有效地提升产品介绍的可信度。

4. 直播优惠

主播可以介绍直播优惠活动和优惠力度及获取福利的方法，让用户感受到在直播间下单可以享受特殊优惠。同时，主播要熟练运用直播间的工具，在介绍产品的同时推送优惠券，还可以把需要告诉用户的亮点写在提示板上，如"加粉丝群领优惠券"等。

5. 需求引导

主播要生动地描述产品使用场景和使用体验，让用户产生共鸣。例如，主播可以说："给大家看一下这个面粉（展示面粉），这种石磨的面粉煮出来的汤颜色都是不一样的。这个面粉煮出来的汤是淡黄色的，而其他面粉煮出来的汤是浓白色的。这是因为石磨面粉是纯天然的，没有添加剂，煮出来的汤透着小麦的颜色。用这样的面粉做面条、包子、饺子等，不仅口感更好，营养价值也更高。"

6. 用户评价

主播可以向用户展示其他用户是怎么评价产品的，复述产品的优势，通过他人评价增强用户的信任感。

7. 限时限量

主播要把握好产品介绍的节奏，通过控制库存制造紧缺感；用坚定的语言让用户感受到产品的稀缺性，为后面的促单打好基础。

了解了介绍商品的 7 个环节后，我们还要掌握产品介绍话术的框架，把真实的产品放到一场直播的时间框架里并设计话术。

💡 商品介绍话术框架设计

（1）**开播预热**（30 秒到 1 分钟）

① 福利内容：吸引用户，让用户听到"爆点"。

② 福利条件：说明商品稀缺性及谁能得到（互动）。

③ 突出货源优势：为什么发福利。

④ 点名互动：让直播间目标用户互动。

（2）**引出商品**（2 分钟）

① 商品卖点：介绍 3 ~ 4 个卖点即可，将卖点生动化。

② 塑造价值：货从哪里来、销往哪里去，对比品质。

③ 场景营造：激发用户需求，将商品形象化。

④ 穿插互动：不可只介绍商品而疏于互动。

（3）**心理建设**（30 秒到 1 分钟）

① 小店评分、用户评价。

②展示销量、评分、品牌旗舰店。

③产品质量保障、售后。

④从视觉、行为等方面消除用户对商品弱点及售后服务的疑虑。

⑤抛砖引玉。

⑥原本不能发的福利，经过引导互动后发给直播间里的用户。

⑦概念植入。

⑧告知用户商品的一个强势卖点，在用户心智中植入新概念或打破其固有概念。

（4）报价（30秒）

①专柜价格：看吊牌价格，体现商品很有价值。

②其他平台价格：淘宝、天猫价格对比。

③成本拆解后价格：帮用户计算成本，通过数据凸显福利。

④同区间价格对比：低价品不要和低价品对比。

6.3.2 如何承接流量

直播间突然"爆流量"的情况时有发生，尤其是投放了"上热门"后，很容易出现直播间流量迅速增长的现象，这对直播团队尤其主播是重要的考验。如果能够顺利承接流量并完成转化，这就是一个极好的机遇；如果不能顺利承接流量，恐怕就是一场灾难。

那么，直播间如何承接突然增加的流量呢？一般可以采取 2 种策略。

1. 主播和运营配合承接流量

运营持续监测数据，一旦发现"爆流量"，立即提醒主播，同时拿出应对方案。主播收到提醒后，马上调整状态和话术，用激昂的语气和提前准备好的话术承接流量。

2.“话术＋福利款”承接流量

主播可以用“话术＋福利款”直接承接流量，“憋单”（在观看用户人数持续升高时加强互动，营造火热气氛）3～5分钟，把相关数据做好之后“放单”（放出福利款产品），引导转化。“爆流量”通常不会持续太久，承接并完成转化后，流量逐渐趋于稳定时，主播就可以调整节奏，按照既定流程继续直播。

6.3.3 如何切款

经常有主播问我们：“为什么一切款流量就会掉？”原因在于切款时话说得太硬。例如，有的主播会说：“姐妹们，这件衣服给大家试过了，来，我们看下一件衣服。”如果有些用户刚好是因为这件衣服留在直播间，就很可能会离开。

那么，如何切款才能保持直播间的人气呢？下面介绍几种切款技巧。

（1）**人气切款**。当直播间观看用户人数达到最高时切款，在切款之前预告福利。

（2）**私信切款**。当直播间互动少或互动单一，无法通过公屏互动切款时，可以借用粉丝私信切款。例如，主播可以说：“刚才有粉丝私信问我有没有上次卖的橘子，他说那橘子真的非常甜，还想再买30箱给公司员工发福利。小哥，上次卖的橘子库房还有吗？来，100箱，全上！”

（3）**整点切款**。主播在直播过程中不断提示用户直播间将在指定时间发大福利，不会让他们失望。这样的预告和切款会让用户感觉很自然，而且可以让用户充满期待。

（4）**搭配切款**。例如，用衬衫搭配外套，用上衣搭配裤子，提示整套搭配更好看。

6.3.4　如何引导关注

涨粉是主播的重要任务之一。只有粉丝足够多，成交的机会才会更多。因此，每一位进入直播间的新用户都是需要重点关注的对象，主播要想尽办法引导他们关注直播间，成为直播间粉丝。技巧可能有很多种，但核心只有一个——给用户一个关注直播间的理由。

我们做什么事都需要理由，用户也是这样，不管关注、点赞还是购买商品，他们都需要一个理由。所以，主播引导用户关注直播间的核心就是给他们一个关注直播间的理由。这个理由一定不是这场直播的福利，而是长期的价值，因为关注是一个长期行为。例如，直播间里的商品从原产地直发，保证新鲜；直播间不定期举办库存清理活动，免费赠送商品；直播间会定期邀请演艺人士助播……这些都可以成为用户关注直播间的理由。

在直播的过程中，主播不断引导用户关注自己的直播间是非常有必要的。但是，主播一定要注意技巧。例如，"只有点了关注的宝贝才能拍这款商品，不关注不发货"这种引导方式就是错误的，正确的引导方式应该是"马上上车了，宝贝们检查一下自己有没有点关注，不然想回购或者发生售后问题就可能找不到直播间了哦"。

6.3.5　如何引导观众停留

我们都知道，对直播间来说，用户的停留非常重要，没有用户停留就没有关注，也没有成交。那么，如何引导用户停留呢？主播可以运用以下技巧。

技巧一：描述商品时尽可能多用疑问句代替陈述句，向粉丝提出一些问题。粉丝不一定会回答，但有了问题就会思考。

技巧二：模拟商品的使用场景，给用户留下想象的空间，让他们产生代入感。

技巧三：为用户提供做选择的机会。让用户产生参与感最有效的方式就是让他们在直播间里有事做，多提供让他们做选择的机会，如选择活动、选择产品、选择价位等。例如，主播切水果进行展示的时候可以拿出两种不同的水果，让用户选择。

主播要注意引导用户停留的话术。例如，"所有在直播间停留3分钟的宝宝才能抢福利"是错误的引导话术，正确的引导话术是"宝宝们，喜欢主播的可以点个赞，别忘了看着时间，3分钟后提醒我给大家发福利"。

6.3.6　如何引导互动

带货主播不要长时间自顾自地讲话，而不引导互动。良好的互动是直播间人气旺的保证。人气越旺，互动越多，用户在直播间停留的时间就越长，平台给直播间的推荐就越多，成交的机会也就越多。

带货直播间的互动主要包括两种。

1. 产品相关的互动

产品相关的互动通常是围绕产品细节展开的，如产品的原料、设计特点、大小、尺码、颜色、触感、味道等。这种互动相对比较枯燥，因为同样的问题可能会有很多用户提出，这一波用户问了、买完、走了，下一波用户又会问一遍。这时，主播一定要有耐心，认真解答每一位用户的问题。解答问题不仅是互动的一部分，更是在为成交做铺垫。当然，对于一些频繁出现、答案固定的问题，也可以通过展示板予以回答，如"××发货，包邮，10元3件"等。

在进行产品相关的互动时，主播要采取正确的方式。例如，"想要福利的宝宝打'想要'，只有打了'想要'的宝贝才发货"是错误的互动方式，正确的互动方式是"宝宝们，福利来了！喜不喜欢？喜欢什么颜色？把你的答案打在公屏上，让我了解你们的喜好。告诉我，你想买给谁？我给大家参谋一下"。

2. 营造氛围的互动

主播发出"认同的在公屏上打'666'"或"喜欢的打'1'"之类的动作指令很容易得到用户的响应，公屏很快就会滚动起来，让人感觉直播间很火爆。

主播还可以通过向用户提问或请教、聊天等方式营造氛围。例如，主播可以说"昨天我读了一本书，书里有一句话让我印象很深刻……你们最近在读什么书""最近有什么好看的电影？请大家推荐一下"或"你们想听什么歌"等。这种既简单又容易回答的问题会让很多用户跃跃欲试，给直播间营造热闹的气氛。

此外，如果将这些互动方式与抽奖活动结合起来，直播间的热闹氛围一定可以达到新高度。

6.3.7 如何进行情感演绎

情感演绎水平的高低在很大程度上反映了主播水平的高低。一位主播如果只擅长背诵话术，却不懂得通过情感打动用户，就很可能被基于人工智能的虚拟主播所取代。情感是人类永远的优势。

主播的情感演绎主要表现在口播时的声音、语气、语调、节奏和肢体动作，以及各个方面的协调。主播要结合口播的内容，通过情感演绎传递给用户某种情绪。具体地说，主播进行情感演绎时要注意以下几个方面。

1. 协调、自然的肢体动作

我们经常会在直播间里看到这样的场景：主播坐在那里一个劲儿地说，手却一直放在桌子上，给人一种讲课的感觉。这样的直播间往往很难留住用户。

在说话的时候，协调、自然的肢体动作会让主播看起来更有表现力、更有魅力。主播除了要通过口播传递信息，还要通过各种肢体动作影响观众。主播常用的肢体动作包括手势、眼神、表情、站姿、行走等，使用哪些动作要随着口播内容的变化而变化。肢体动作不仅可以帮助主播传情达意，还能使干巴巴的语言变得有感情、有情绪，从而产生强大的感染力。

2. 自信的姿态

你只有坚信一件事，你说这件事时才能让别人信服。一个人说话时的语气、姿态、眼神等都在传达他内心的真实想法，很多时候，它们对别人的影响比语言本身更大。例如，主播说"我们的水果都是从果园里现摘现发的"，如果主播对这件事没有信心，说话时的语气就没有那么坚定，眼神也会闪躲。即便隔着手机屏幕，很多用户也会被这种不自信感染，进而对"现摘现发"产生怀疑。相反，如果主播非常自信，那么他说这句话时的口吻、眼神等都会非常坚定，声调会不自觉地上扬，力求让用户听得更清楚，这种自信的姿态很难不让人信服。

3. 适当地表达负面情绪

人都会有情绪，主播也一样。主播与用户互动时难免会遇到质疑、诘难，不妨适当地表达负面情绪，反而会让用户感受到主播的真实，使自身的人设更加丰满。

4. 善用排比句制造气势

很多演说高手都善用排比句制造气势，引爆现场气氛。直播在某种程度上就是一场演说，极富节奏感的排比句能够带动用户的情绪一路上扬，制造磅礴气势，点燃直播间的气氛。主播可以将一场直播中某些环节的话术刻意写成排比句，把直播变成"单口相声表演"，人气和转化很可能会超出预期。

6.3.8 如何促进成交

主播在直播间做的绝大多数事情、说的绝大多数话，都是为了促进成交。有些用户可能在主播介绍商品时觉得商品不错就下单了，有些用户在主播解答了他们的问题后也下单了，但还有些用户虽然想买却仍犹豫，这时，主播就要运用一些促进成交的话术引导用户做出购买决定。

促进成交的话术通常可以营造出一种热销的氛围，制造紧迫感，让用户觉得"错过了就会后悔"，从而快速下单。

💡 促进成交的话术

苹果 3 斤装原价 29.9 元，你们也看到了，这都是我们新摘的果子，又大又脆又甜，还多汁。吃一口，汁流一手。来，这个原价是 29.9 元 3 斤，直播间刚开播发福利，纯粹是为了做人气，现在我也不 3 斤了，我也不 4 斤了，我 5 斤给你们，还带礼盒包装。来，5 斤，5 斤装，也不要 29.9 元，也不要 28.9 元，也不要 27.9 元，直接 19.9 元，包邮到家！你们现在拍，旁边我们就给你们装上新鲜摘下来的果子，晚上就给你们发货。这个福利只有今天晚上首播有，以后都没有了！我再说一遍，5 斤 19.9 元，我们直播间只有今天晚上有这个福利，以后都没有了！

促进成交的话术中要有足够多的利益点，如"包邮到家""新鲜摘下来的""晚上就给你们发货"等，这些利益点要有极强的吸引力。此外，主播在口播的时候要富有激情，表情要夸张一点，要充分利用"三限"（限时、限量、限价）制造紧迫感。最后，主播还要做出零风险承诺，如赠送运费险、7 天无理由退款、包退包换等，消除用户的后顾之忧。

第 7 章

变现模式：私域裂变，直播带货

变现是短视频运营的最终目的，而短视频变现的核心是流量。前面花了很多篇幅介绍如何做内容，其根本目的是吸引流量，但流量本身是不能变现的，我们必须设计好变现模式，采用合法、合理的方法和路径，才能把流量变成收益。

变现越早越好，越快越好，千万不要等到流量达到几十万、几百万的时候才考虑变现的事情。只要你的流量足够精准、粉丝黏性足够强，并且你已经找到了变现的路径，就要抓住机会，立即变现。

要想持续做好短视频运营，关键在于变现模式。很多人觉得这是大主播、大号才需要考虑的事情，但从运营之初就设计好变现模式才是正确的做法。

7.1 变现模式的设计

短视频账号的变现能力取决于有效影响人群的半径。我们总结了一个关于变现的公式：变现 = 曝光 × 潜在客户 × 兴趣引发 × 转化和成交 × 留存和复购。以目前短视频领域的各种变现模式来说，变现效率最高、效果最好的模式应该是私域运营。无论微信、社群还是直播间，其本质都是私域流量池，里面都是已经具有一定信任度、黏性比较高的粉丝。因此，短视频的变现模式设计最好围绕着私域。

7.1.1 短视频账号矩阵

短视频账号矩阵是私域最大的流量入口。短视频账号矩阵是指多个短视频账号围绕同一品牌进行展示、营销，以获得更多的曝光量。简单地说，就是我们可以在短视频平台上运营不同的账号，宣传同一品牌或产品，而各个账号之间相互关联、互推流量，以吸引更多的流量。运营多个账号可以增加变现渠道，多个账号一般比单个账号的变现能力更强。

创建短视频账号矩阵听起来很简单，只需要多注册几个账号就可以了，但实际上如果没有做好规划，效果就可能会大打折扣。规划短视频账号矩阵时需要注意以下几个方面。

1. 细分定位

在布局短视频账号矩阵时一定要给每个账号做好定位，在既定品牌、产品或其他变现目标下，对每个账号的定位进行细分，确保既不交叉又相互关联。

2. 差异化运营

不要使用不同的账号发布同一条视频。一方面，一旦平台发现内容相似就会进行限流；另一方面，这种创作方式会影响各个账号的内容垂直度，进而影响账号权重。10 个权重较低的账号还不如 1 个权重较高的账号有价值。因此，短视频账号矩阵虽然看起来是一个整体，但在运营时一定要走差异化路线。

3. 互推流量

短视频账号矩阵的核心价值在于互推流量，争取最大的曝光量。具体来说，短视频账号矩阵可以采用以下几种方法互推流量。

（1）**相互 @ 对方**。在标题或评论区相互 @ 对方不仅可以帮助双方增加曝光量，还能制造话题。尤其是在评论区，如果有多个账号在同一条评论下互动，无论讨论还是争论，都可以吸引一大批用户关注。

（2）**主播客串**。如果是一个人运营多个账号，这种方式就不适合了。但如果短视频账号矩阵中的各个账号的主播都不同，就可以通过主播相互客串的方式创作短视频。创作这种短视频不仅可以相互推流，还会因为短视频主题、画面比较相似，获得平台更多的推荐，实现双倍甚至多倍的曝光。互动的方式有很多种。例如，一位主播直接出现在另一位主播的短视频画面中，或者一位主播在自己的短视频中向另一位主播喊话。无论采用哪种互动方式，都可以制造一定的话题并获得更多的曝光机会。

7.1.2　引流到社群

社群即粉丝群。短视频运营涉及的粉丝群主要有两种，一种是在短视频平台上直接创建的粉丝群，另一种是微信群。

1. 短视频平台上的粉丝群

以抖音为例，如果你在抖音上做短视频运营，那么一定要至少创建 2 个粉丝群，以保证同时加入粉丝较多的情况下可以进行有效协调。

💡 抖音平台创建粉丝群的步骤

第一步，打开抖音 App，切换到"我"页面，点触右上角的三条线图标，弹出菜单。注意，如果是"蓝 V 号"或企业号，菜单中会显示"企业服务中心"选项；如果是个人号，菜单中会显示"创作者服务中心"选项。

第二步，以企业号为例，点触"企业服务中心"选项，进入"企业服务中心"页面。

第三步，点触"涨流量"栏目中的"主播中心"图标，进入"主播中心"页面。

第四步，点触"数据中心"栏目中的"更多功能"图标，进入"更多功能"页面。

第五步，点触"粉丝群"选项，进入粉丝群管理页面。

第六步，粉丝群管理页面中会显示当前账号已经有哪些粉丝群，点触"立刻创建粉丝群"按钮即可进入粉丝群创建页面。粉丝群创建成功后，可以设置进群门槛。

2. 微信群

微信群是变现能力更强的私域流量池，但各个短视频平台基本都不允许直接在短视频中插入微信群进行引流。不过，我们可以先将流量引到个人微信或企业微信上，然后创建微信群。

那么，如何实现从短视频引流到微信呢？我们可以采用以下几种方式。

（1）**账号主页信息引流**。在账号主页留微信是最常见的方式。例如，有些创作者将短视频账号名称设置为个人或企业的微信号，然后在签名处说明短视频账号名称就是自己的私人号。再如，有些创作者在背景图中添加微信号，在签名处提醒粉丝"联系方式在上面"。这种不直接出现"微信"两个字的引流方式相对比较隐蔽、安全，但最好在账号运营趋于稳定后再操作，否则可能会影响起号。

（2）**私信引流**。我们也可以在通过私信与粉丝互动时引导粉丝加微信。这种方式比较麻烦，但粉丝的精准度会更高，后期的变现潜力也会更大。

（3）**评论引流**。有些创作者在评论区直接留微信号，这种方式风险很大，但比较容易出效果，因为短视频平台上最活跃的互动区域就是评论区。为了规避风险，建议使用小号发表评论，即使被封号，也不会影响大号的运营。

（4）**直播引流**。有些主播会在直播间的标签处留下微信号，这种方式比较稳妥，引流效果也比较好。

（5）**在短视频中植入微信号**。这种方式的风险很大，效果相对有限，不建议使用。

7.1.3　私域运营

将公域流量引入私域后，还要做好运营工作，保证流量的活跃度，为变现做好准备。

1. 打造个人 IP

面对公域流量要更加关注作品质量，但面对私域流量一定要着力打造个人 IP。只有当你在私域流量池中像一位朋友或一位导师一样活跃在粉丝身边，才能持续吸引粉丝关注你。例如，赵宁老师每天发 20 条左右的朋友圈，内容既有品牌推广，也有她的培训行程、感悟及与学生的互动，还有她个人生活中剪头发、给妈妈买药这样的琐事，这样的形象就是鲜活灵动的，粉丝就愿意持续关注她。

2. 提高粉丝活跃度

提高粉丝活跃度实际上就是增强粉丝的参与感、存在感。如果你把粉丝引入私域流量池后就不再管他们了，他们慢慢就不再关注你了。我们可以定期发放一些福利，尤其是粉丝专属福利，让粉丝感到自己被重视、被珍惜。此外，我们也可以举办一些活动，如抽奖活动、问答活动等。

3. 持续提供价值

真正让粉丝长期停留在私域流量池中的一定是价值。波司登公司的信息总监朱爱国曾说过："私域不是用来收割流量的，私域更多的是将你的产品、你的品牌理念传递给消费者，然后提供相应的服务。他满意了，他对品牌有好感，然后顺带做一点生意。"无论产品、服务还是内容，都要对粉丝有用、有价值。例如，你是卖产品的，你可以持续为粉丝提供优质、价格合理的产品；你是卖写作课程的，你可以为粉丝提供一对一的写作辅导服务，陪伴粉丝成长。

4.和粉丝成为朋友

像交朋友一样与粉丝相处是非常重要的。有些主播有了一些粉丝后就认为自己是名人了，开始摆架子、好为人师，结果导致大量粉丝流失。绝大部分粉丝关注你、追随你是因为喜欢你，而不是为了听你的训导。因此，做私域运营一定要摆正心态，把自己和粉丝放在平等的位置上，以平视粉丝的姿态与他们展开对话。只有充满人情味，你才能长期保持个人魅力。

7.1.4 流量变现

盈利模式的终点是变现，而变现的根本在于商品，即你要卖什么、你可以卖什么。对大多数短视频创业者来说，这些问题或许从一开始就想清楚了，也可能他们就是为了卖东西而启动短视频创业。如果你属于这种情况，可以跳过这一段继续往后读。如果你并没有成熟的产品或服务，还没有想好卖什么，可以试着从以下两个方面进行挖掘。

1.寻找他人合作

流量变现最快的方式就是打赏、帮他人带货和打广告。打赏的随机性较大，属于被动收益。帮他人带货、打广告变现速度快，但需要寻找需求稳定、佣金合适、售后无忧的货源。这里所说的"货源"是广义上的货源，包括广告单和实物产品。

寻找货源的方法

（1）**直接与品牌、厂家、生产基地合作。** 无论自己联系还是等货源方上门找自己带货，都需要耗费大量的精力。如果你的粉丝不多，你的议价能力就会比较弱，收益也不会很理想。因此，如果不是自己有相关的资源，最好不要采用这种方法。例如，你正在运营"三农"领域的账号，刚好家乡有一批水果需要销售，双方一拍即合，这就属于比较理想的合作方式。

（2）**通过货源平台寻找合作方。** 抖音、微信视频号等短视频平台都已经开通了货源平台和广告接单平台，我们只需要在平台上寻找合适的合作方接单即可。这种方法省时省力，但变现的可持续性相对较弱。

2. 自己开发产品或服务

如果你有一定的实力，自己开发产品或服务是最具可持续性的变现方式。例如，生活类账号可以开发生活收纳课程，文化教育类账号可以开发教育专栏，写作类账号可以出书、卖书等。这些都属于投入相对少、变现速度比较快的产品或服务。当然，也有投入更大一些的方式。例如，服装搭配类账号可以开设线下服装店，撬动本地的线下流量，以此持续变现。

总之，无论采用哪种变现方式，都必须把流量落到具体的产品或服务上，否则流量就只是一个数字或评论区的喧闹而已。

7.2 变现路径的选择

无论自己开发产品或服务还是与他人合作，短视频变现路径主要还是集中在短视频平台上，毕竟流量在平台上。以抖音为例，其变现模式已经非常成熟，变现路径也比较多。

> ### 💡 抖音平台的五大变现路径
>
> （1）商品橱窗：小黄车（至少 1 000 粉丝、10 个作品，保证金 500 元），靠卖别人的货赚取佣金，后期有自己的产品或服务后，也可以销售自己的产品或服务。
>
> （2）抖音小店：带自己的货，保证金为 2 000 ～ 20 000 元。
>
> （3）抖音门店：引流到线下实体店，发布短视频时可以使用定位功能。
>
> （4）抖音蓝 V：企业号（保证金 600 元），等于广告位，可以做营销，为企业做宣传。
>
> （5）抖音星途：接平台商家广告，赚取收益（至少 1 000 粉丝）。

7.2.1 企业自播

企业自播是指开通蓝 V 后，以企业品牌为核心做直播，宣传企业文化，做好品牌背书，让客户明明白白消费，感受到企业的温度。

很多人以为企业自播只适合大企业。事实上，对小微企业甚至小门店的创业者来说，企业自播反而具有更加明显的优势。大企业、大品牌已经有了较大的知名度和影响力，它们在做自播时更注重高品质、大流量，而小微企业、小门店则更注重直播间的体验，粉丝更加精准，黏性也更高，变现的效果往往更好。

注意，只有拥有企业或门店并且在短视频平台开通了企业号，才能做企业自播。

7.2.2　广告接单

广告接单是常见的变现路径，具体形式包括冠名广告、贴片广告、植入广告、品牌广告等。只要账号发布的内容足够好，积累了一定数量的粉丝，账号权重越来越高，就会有商家、品牌主动上门谈广告合作。此外，创作者也可以主动寻找合作机会。例如，美食类账号可以和本地火锅店合作，以探店的方式为火锅店做广告。不过，对大部分短视频赛道来说，因为题材的限制，与本地商家开展广告合作的机会很少。更多的机会还是来自平台，如抖音星途、全民任务等。

广告接单的难点在于创作，如果不能把广告很好地融入视频内容，就很可能引发粉丝的抵触情绪，严重的还可能导致掉粉。因此，在接广告的时候一定要考虑到账号的内容风格、定位，保证粉丝获得良好的观看体验。

7.2.3　知识付费

如果你在某个专业领域有突出的成就、丰富的经验或较大的影响力，通过知识付费完成变现也是非常不错的选择。常见的方式有出书、出课程、出专栏等。例如，本书就是几位作者在短视频领域的经验总结。

这种方式非常适合拥有专业知识和技能的创作者。如果你始终聚焦于某个垂直领域，你可以直接把相关短视频整理成教学视频或专栏，供用户付费观看或下载使用。例如，教美食制作方法、教视频拍摄与剪辑技巧、教英语口语、教新媒体写作的课程和专栏都有很多。只要你的内容足够好，能够满足用户提升自我的需求，他们就会购买。

当线上课程的体系逐渐成熟后，你还可以进行线下拓展，举办线下交流会、训练营等。总之，知识是有价值的，而时代赋予了知识付费最好的机会。只要你有真才实学，知识付费将是最有效的变现路径之一。

7.2.4　电商带货

电商带货的第一步是开通带货权限。以抖音为例，你需要开通商品橱窗、抖音小店及蓝 V。蓝 V 是针对企业和商家的，此处不做介绍。下面介绍如何开通商品橱窗和抖音小店。

如果只做短视频带货，开通商品橱窗就可以了；如果还做直播带货，就需要同时开通商品橱窗和抖音小店。

商品橱窗就是我们通常说的"小黄车"，开通的具体方法是：进入"创作者服务中心"页面，点触"电商带货"图标，进入如图 7-1 所示的页面。只要满足相关要求，"开通商品橱窗"按钮就会变为可用状态。

图 7-1　抖音上开通商品橱窗的要求

开通抖音小店的方法与开通商品橱窗的方法类似，都是先进入"创作者服务中心"页面，然后点触"开通小店"图标，即可进入申请开通小店页面。抖音小店的入驻主体既可以是个人，也可以是企业。个人一般需要准备身份证、银行卡等，企业一般需要准备营业执照等。此外，还需要准备几千元到 1 万元不等的保证金，保证金在退店时可以退还。

开通带货权限后，我们既可以短视频带货，也可以直播带货，既可以带自己的货，也可以带别人的货。因此，当粉丝数量达到开通带货权限所需的数量后，一定要及时开通带货权限，为变现铺路。

7.2.5　本地引流

《2022 抖音生活服务数据报告》显示，2022 年抖音生活服务覆盖城市超过 370 个，合作门店超过 100 万家，涉及细分品类 80 多个，超过 28 万个中小商家通过抖音生活服务实现营收增长。除了商家，探店达人也是通过本地引流完成变现的典型人群之一。2022 年，抖音有 1 235 万名探店达人，共发布了超过 11 亿条短视频，有 72% 的商家邀请过达人探店并获得订单，12 378 家百年老店被探店达人发掘。可见，本地引流变现正在成为短视频变现的一大趋势。

如果你有实体店，就可以借助短视频平台引流，扩大实体店的影响力，提高实体店产品的销量。如果你没有实体店，但有相关的想法、经验和实力，从零开始打造一家高人气店铺，让短视频创业和实体创业同步推进，也是很好的选择。如果你只想拍摄、发布短视频，并不想开实体店，就可以做探店达人，与同城商家合作，为他们引流，赚取佣金。同城探店引流涉及的领域主要有餐饮、美容、二手车、汽车养护、零工招聘、装修、本地旅游等，引流效果都不错。

7.3　如何让 IP 赋能产品

在短视频创业这条路上，打造强大的品牌是必不可少的。例如，我们泾阳的学员在打造"普罗旺斯西红柿"时，不管在口碑传播方面，还是在包装盒及产业链等方面，一直打造的就是"番茄万千、泾阳领先"这个品牌。

7.3.1　围绕 IP 开发产品

在新消费浪潮下，越来越多的企业、品牌与 IP 合作，通过品牌授权、品牌联名等方式开发新产品；同时，也有很多 IP 依托渠道优势，围绕 IP 开发新品牌、新产品。这些都是 IP 赋能产品的常见打法。

我们通过短视频成功打造出 IP 后，粉丝就成了我们的目标客户。粉丝画像体现了目标客户的特征，我们从中可以发现目标客户的需求和喜好，然后有针对性地开发产品，打开市场。相比品牌化程度较高的其他产业，"三农"领域更容易借助短视频打造的 IP 对农产品进行二次开发，打造品牌。例如，围绕"李子柒"这个 IP 开发的螺蛳粉、红糖姜茶、米糕、酸辣粉、桂花坚果藕粉等产品很快在同类产品中脱颖而出，成了爆款。

7.3.2　借力 IP 推销产品

有一位营销专家说："拒绝是顾客的天性。"我们都有这样的体会，如果有人直接向我们推销一款产品，我们会觉得厌烦，下意识地拒绝。但是，如果我们是某个短视频账号的粉丝，我们对这个账号有一定的了解，甚至通过内容与这个账号建立了情感连接，我们就会认真地了解它推荐的产品，然后决定是否购买。这就是借助 IP 推销产品的优势。

我们的学员巩玉玲来自铜川市，其抖音账号"玉玲菜馍"虽然只有 1.2 万粉丝，却为她经营的"玉玲菜馍"品牌打开了新的营销渠道。通过"万企兴万村"政策，"玉玲菜馍"以品牌商标和知识产权入股，成功地与黄堡镇新村对接。在政府扶贫资金的帮扶下，他们建了一座标准化的食品加工厂，购入了先进的设备，开发了 8 种新产品，成了铜川市王益区第一家"振兴乡村示范企业"。2022 年 9 月 30 日，该企业取得了食品生产许可证。在 IP 的助推下，一个新兴的农产品品牌冉冉升起。

从长远来看，IP 赋能产品可以让短视频变现具备极强的可持续性，IP 是短视频创作者手上最有力的武器。

第 8 章

百万粉丝主播成长案例

人生，就是一个落子不悔的故事，我愿意把我的故事讲给你听。那些人、话语、梦想、压力、荣誉，还有偶尔狼狈不堪但不乏快乐的日子，终将成为我们缅怀的过往。我们希望这些故事能够为你的人生和事业提供向上生长的力量。

8.1 普法主播：董红

"董红"账号运营 3 年，全网 600 万粉丝。一路走来，董红老师既有经验，也有感悟。

机会永远是留给有准备的人的，我始终坚信这一点。

可能有人会问：我们要准备什么呢？

我的答案是，在空闲的时间多读一些不同领域的书，做好知识储备；多尝试一些从未做过甚至不敢做的但试错成本比较低的事情，积累社会经验，开阔眼界；尽量多结交一些人品端正、事业成功的朋友，多向他们学习请教，看看他们看待问题的角度和处理事情的方法，从而改变自己的固有思维和片面认知。

人这一生中能遇到的重大机遇其实并不多，你抓住了，关键的那几步你认真走了，你就有可能实现人生的逆袭，遇见更好的自己。

从 2019 年到 2022 年的这几年，大多数人感到比较痛苦甚至艰难。但对我而言，这几年却是我开始工作以来遇到的第一个大机遇，我切切实实地抓住了，从一个短视频和直播新手成长为全网

600 万粉丝的博主。我的人生上了一个新的台阶，我蜕变成了一个全新的自我。

我常常想，如果几年前我没有入局短视频和直播领域，我现在应该会很惨，很有可能已经卷铺盖回老家了，那是一个小县城。然后，浑浑噩噩地过一生。想想那样的日子，我都感到可怕。不是说那样的日子可怕，而是对我这种追求完美、性格比较强势的人来说，那样的生活无异于混吃等死。我可以接受自己努力拼搏得到一切喜欢的之后再回归平凡，但我无法接受在本该奋斗拼搏折腾的年纪选择安逸却还冠冕堂皇地标榜平凡可贵。

2018 年年底，我就开始接触短视频了，那时只是纯粹地分享美好生活，觉得特别好玩。正儿八经地把短视频当一件事去做是在 2019 年的夏天，那时怎么都想不到现在的我能获得全国那么多粉丝的喜欢和认可。当时的想法很简单，就是尝试一下，万一有意想不到的收获呢？

我们在一生当中总会遇到一些改变人生轨迹的机会，只有很少一部分人会勇敢地尝试，尝试的结果可能是失败，但也有可能是成功，进而改变自己的命运。其实大多数机遇的试错成本是很低的，但大多数人连这个成本都不愿意付出，时间、精力乃至一点点的资金，什么都不愿意付出，却羡慕那些在他们口中啥也不是的拼搏努力的人，幻想着自己能一夜暴富或中彩票，就这样既不尝试又不努力，抱着幻想过一生。

面对机会或者说机遇，为什么有些人敢迈出脚步甚至愿意花时间、精力或资金去尝试抓住这个机会，而大多数人不愿意或者说不敢迈出脚步呢？究其本质，是认知的不同。你永远赚不到超出你认知范围的钱，除非靠运气。但靠运气赚到的钱，最后往往又会被真正的实力亏掉。你所赚的每一分钱，都是你对这个世界的认知的变现；你所亏的每一分钱，都是因为对这个世界认知有缺陷。就像做短视频和直播一样，很多人最初认为这是不务正业，只是一种娱乐而已，甚至戴着有色眼镜看待这件事。他们根本看不到短视频和直播背后的巨大机会，为什么看不到？答案是认知没到那个层次。

我记得刚开始在抖音上发短视频的时候，身边大多数人还不知道抖音为何物。2019 年夏天，别人的周末都用于约会、逛街或休息，而我的周末都用于背稿件、录视频。一条视频一录就是好几个小时。我是一个过于追求完美的人，字的发音不标准，重来；衣领没整理好，重来；忘了一句台词，重来……我就这样一遍又一遍地拍视频。现在想想，那时候真的挺拼的，但是也很感谢那个时候努力的自己，不然怎么会有现在全网 600 万粉丝的我呢？

经常有朋友问我，怎么做到 600 万粉丝的呢？其实没有什么秘诀，就是牺牲午休、周末休息的时间，认真拍每一条视频，就这样一天天地坚持做下去。事实上，你所看到的每一个取得了一点点成绩或功成名就的人，都是在你休息、娱乐的时候坚持努力奔跑，这就是现实版的"龟兔赛跑"的故事。道理谁都懂，但是能坚持下来的人又有几个呢？

再难的事都怕坚持。在坚持了 3 个多月后，一条爆款短视频让我一天涨粉 30 多万，我对抖音的巨大流量开始有点感觉了。不到 5 个月的时间，我就帮合作的那家公司做出了百万粉丝的账号，他们说我是他们的合作方中涨粉最快的博主。

后来，我又开始做直播，粉丝量和人气也与日俱增。但是，伴随流量而来的是质疑、否定。我的身边和短视频、直播间的评论区开始出现一些不一样的声音，如"不务正业""转行了呀"等。甚至还有一位跟我不熟、年纪比我大一点的同行专门给我发私信，对我冷嘲热讽。虽然只有短短几个字，但让我很受伤，甚至现在想起来都还感到难过。即便如此，我依然没有放弃。

时间到了 2020 年 3 月，微信视频号官方邀请我入驻视频号平台。那时候，视频号还在内测阶段，全国应该只有 4 个城市的部分用户有视频号的入口。那时候，我做抖音也有大半年了，对短视频和直播的认知已经彻底打开，所以想都没想就入驻了。我觉得不管是什么事，先干了再说，万一是个机遇呢？就算做不成，也能积累一些实战经验。

我的视频号诞生第一条超百万播放量的短视频时，我激动得发了一条朋友圈纪念。那时，很多人还不知道视频号，也没有入口，所以做出有百万播放量的短视频真的是一件很值得纪念的事，这也说明了视频号的传播能力超强。微信的 14 亿用户就是视频号的巨大流量池。而且，视频号的传播速度和裂变方式也跟抖音、快手不一样，它是以几何级数倍增的。比如，你是我的微信好友，你给我的视频点了个赞，那么你的微信好友在刷视频号时都会看到你给我的视频点了个赞；之后，你的某个微信好友也看了我的视频，觉得视频内容不错，又给我点了个赞，那么他的所有微信好友也会看到我的视频，这个传播速度是非常快的。

视频号在刚开始的一年是无法变现的，所以我默默坚持在视频号发了一年视频，没有赚一分钱。不管你做什么事，如果连温饱问题都解决不了，也是无法坚持下去的，所以后来我就想怎么才能变现。记得一天早上，我在朋友圈里看到了一张广告图片，大概内容是杭州将举办一场视频号创作者和各类企业的分享交流会，图片上有二维码，我一扫发现参会需要购买门票。座位有 3 种，第一排的座位是 899 元，第二排、第三排的座位是 799 元，后面的座位是免费的，我想都没想就买了 799 元的座位。我当时跟身边的朋友说起这件事，还有朋友说我傻，说参加那种会议就是浪费时间，说我被

"割韭菜"了,我也没有过多地辩解。我一直认为,想做的事情就去做,喜欢的东西就去买,你不需要听别人的意见,因为别人给你的意见是建立在他的认知、阅历、学历和喜好之上的,他不是你,怎么会知道你的感受和追求?

之后,我就买了机票去杭州。会议一开始,几位在互联网领域很有影响力的博主在台上分享自己的心路历程。跟他们比,自己确实没有什么拿得出手的成绩,我也见识到了自己与知名博主的差距。不走出家门,你永远不知道外面的世界有多大,别人的思路有多开阔,你跟别人的差距在哪里。会议结束后,我加了很多优秀博主的微信,也加了一些可以帮助博主变现的企业微信。其中,一家供应链公司的创办者经常跟我分享一些与短视频、直播相关的信息和变现方式等,并且鼓励我直播带货。在他的多次鼓励下,我在视频号上也开了直播,并且帮他的公司带货。先利他者,才能利己。直到现在,我和他依然是不错的朋友,偶尔也会联系、相互问候。后来,他为我的视频号的发展和变现提供了很多支持。虽说我们是合作关系,但我从内心依然很感谢他。

时间会给每个人最终的答案。之后大半年的时间,我的直播带货收益加起来是当时那场会议门票价格的几十倍。我觉得这样的结果已经可以很好地回应了当时身边的朋友说我买门票是被"割韭菜"的问题。799 元不花出去,我永远不知道我和别人的差距在哪里,别人是怎么做短视频的,带货的技巧是什么……人要想成长,只有两种途径,要么从内在出发,主动学习提升,要么外界因素强力打破自身的保护屏障。

后来,搜狐平台邀请我入驻,希望我发布短视频、做普法宣传直播。我在搜狐平台已经做了两年普法直播,内容主要是生活中的法律知识分享和一些热点话题的法律解读,每次人气都非常高。在我这两年做的众多法律专题直播中，比较贴近大家生活的一些问题更容易获得关注，如"老赖欠钱不还，该怎么解决""劳动者在找工作签合同时如何保护自己的合法权益"等。以前，大家了解这些得找律师咨询，一线城市的咨询费可能高达 1 小时 2 000 元，这样高昂的费用是大多数人支付不起的。短视频和直播的出现替大多数人省了这样一笔费用，大家可以免费、随时随地获得自己想要学习的知识。这真的是最好的时代。

2020 年 7 月，杭州来女士事件发生后，我在搜狐平台与一位情感专家连麦，做了一场关于家暴和情感类话题的直播。那场直播的累计观看人次达到了 300 多万，因为那起案件影响太大了，全国瞩目。爱情是永恒且美好的话题，除了父母，最亲密的人就是枕边人。然而，枕边人却对你下狠手。在结婚率连年下降的现在，这无疑加重了许多未婚女性的恐婚情绪，也为许多已婚家庭增添了些许紧张气氛。所以，我们当时在直播间探讨这个话题的时候，有很多用户观看。

热门话题直播带动的是流量，带货直播却是可以直接变现的。接下来，我分享两个直播带货的真实案例，其中有一些技巧可供大家参考。

2022 年 9 月，我在直播间分享了陕西周至的翠香猕猴桃。在我以往的认知里，猕猴桃有点酸，而且它里面有个硬硬的黄色果核。但我决定在直播间销售这款产品后，我就要完全了解它的前世今生、口感、营养价值等。通过查阅资料，我准备了这样一个脚本。

"猕猴桃最早产自我国，关于它的记载，最早出现在先秦时期的《诗经》中。我国各个地区被称为猕猴桃的植物有许多种，它们的分布范围非常广，包括北方的甘肃、陕西和河南，南方的两广地区和福建，西南的云南、四川和贵州，还有长江中下游流域的省份，其中长江流域的最多。猕猴桃有很多品种，口感、大小、成熟的季节都不一样。比如，最早成熟的是翠香，口感是纯甜的，皮薄如纸，汁水丰富，而且里面没有硬硬的黄色果核，被誉为猕猴桃中的'劳斯莱斯'，价格自然也是最高的。然后成熟的是徐香。接下来是秦美、海沃德、亚特、红阳。排名越靠后，猕猴桃的口感、品质也就越差。"

　　我当时在直播间里问大家："你们知道猕猴桃有哪些品种吗？"大多数粉丝都说："猕猴桃还有品种之分吗？不都长得一样吗？"听完我的介绍后，大家都说："难怪以前买的猕猴桃是酸的，而且里面有很硬、很大的果核。"经过这样一番介绍，他们又看到我在直播间里吃得非常香，于是纷纷下单。好的产品是可以带来回头客的，没过几天，有不少粉丝来我的直播间反馈说"这是我吃过的最好吃的猕猴桃"。好多粉丝还给父母、家人、朋友买了好几单。其中有一位来自广东的粉丝自己开公司，当时刷到我的直播间也试着买了一单，收到猕猴桃后让全公司的员工都品尝了，结果受到大家一致好评。有员工提议，中秋节不要发月饼了，每人发两箱猕猴桃。之后，他一下子购买了几百箱猕猴桃。听了粉丝分享的这个故事，我当时真的很满足、很开心。作为主播，你推广的产品被大家认可，从而增加对你的认可和信任，这种感觉真的很棒。

　　再跟大家分享一个我在直播间助农销售山东德州西红柿的案例。经过实地考察，我准备了这样一个脚本。

这个西红柿跟大家在菜市场或超市买的西红柿可不一样。这个西红柿有以下几个特点：

（1）可生吃，清水洗干净就能吃，圆润饱满，沙瓤有籽，肉质细腻，汁水丰富；

（2）非转基因，绿色种植，符合欧洲种植标准；

（3）现摘现发保新鲜，产地直发，不泡保鲜剂，从枝头剪下直接发货；

（4）树上自然熟，不打催熟剂（有质检报告），给你小时候吃到的西红柿的味道；

（5）无土椰壳栽培，雄蜂授粉，物理防虫，净水灌溉，全自动包装，标准化的生产采摘加工；

（6）富含茄红素，茄红素的抗氧化能力是维生素 C 的 20 倍，是一种十分有效的抗氧化剂，有助于防止人体及肌肤老化。

我把上面这段话讲完，并且在直播间现场给大家掰开一个西红柿展示沙瓤后，不到 1 小时就卖了几百单。因为线下卖 39.9 元，我的直播间顺丰发货且产地直发才 19.9 元，产品品质好，而且价格便宜，自然不愁没销量。没过两天，大家都来我的直播间反馈说"西红柿真的太好吃了""一天生吃了 8 个""又来回购西红柿"……好的产品自己会说话，好的产品可以给你带来回头客，让你的生意越做越大。如果你觉得在网上卖假货、次品，用户事后很难找到你，那么你这么做不仅违背道德，还违法，只会让自己的生意之路越走越窄。

直播间带货西红柿期间还发生了一个小插曲。有一位西安的粉丝买了两单西红柿，收货地址填的是公司地址，周五他先收到了一箱西红柿，周六他在家接到快递电话说送另一箱西红柿，他说"我今天不在公司啊"，结果快递员说"那我给你退回去吧"。大家都知道，生鲜产品是不支持 7 天无理由退货的，毕竟发货、退货折腾个七八天，恐怕西红柿都成了西红柿酱了。这个粉丝给我发私信说另外一箱西红柿被快递员擅自退货了，问我货款怎么退给他。我跟商家反馈了这件事，商家说他们没有过错，不需要承担责任，实在不行就和粉丝各自承担一半责任。我一听商家这样说，感觉很无奈。商家这样回复，我肯定不能跟粉丝说，粉丝是因为信任我才下单的。现在出了这样的事，商家确实没有过错，但粉丝也没有过错。最后，我直接拿自己的钱给粉丝退款了。这个粉丝知道后说："怎么能让你退款呢？这不合适。但是，你这样敢担当、勇于处理事情的态度让我很欣赏，像你这样的主播太少了。"我回复他："这是我应该做的，应该谢谢你的信任。"这件事让我们反而成了朋友，真的是意外的收获。

我把这样一件小事分享给大家，是想告诉入局短视频和直播带货的朋友们，要想在短视频平台长久地生存和发展下去，产品的品质是第一位的，一定要有保障；一旦出现产品售后问题，我们要勇敢地承担责任及可能对我们不利的后果。如果我们不抱怨，不追究是谁的责任，而是主动承担责任，表现出积极解决问题的态度，就会让对方的怒火少一半。这样处理售后问题不仅能把可能出现的矛盾降到最低，还很有可能收获粉丝的心，让他成为你的"铁粉"。

这就是我从零粉丝到全网 600 万粉丝的心路历程，其中有艰辛，更有收获，希望对你有帮助。

8.2　农产品电商主播：县长组合—大山乐涛淘

"县长组合—大山乐涛淘"于2020年4月15日开播，该账号是从零开始做起的。截至2023年2月，抖音平台上的粉丝达到了109.3万。该账号的运营者是岚皋县的两位"80后"县长，短视频的内容主要是岚皋的美食、美景和美好的故事，其变现方式是直播带货，主要销售岚皋土豆、魔芋、香椿、茶叶等当地农产品。作为县长和该账号的核心主播，杨乐对这一路走来的艰辛深有体会，但同时也充满了骄傲。

直播带货并非最初设想的一帆风顺。我们在初期始终面临粉丝少、没有流量等问题。一开始，直播间观众只有六七个人，其中有一半还是我和冯县长的家人，2小时下来观看人次只有三五百。但是，为了避免工作走样、流于形式，我们坚持不调动任何行政资源引导地方干部、群众走进直播间，而是尊重平台规则，扎扎实实做内容，不断摸索平台的规律，创作具有岚皋特色的短视频和直播内容。

主播最初由我和冯县长担任，后来冯县长任职期满调走了，只剩下我一个人做直播。其间，我们也尝试过邀请不同的人走进直播间做搭档，但都因为各种原因没能持续下去。直到现在，我们还是会不定期邀请当地比较有特点和表现力的同事及不同岗位上的人走进直播间，一起为岚皋做宣传。

直播风格是一点一点尝试和摸索出来的。最开始就是纯聊天和讲产品，再到和大家互动，但人气一直没有起色。后来，我们试着唱一些传统的小曲、小调，并把部分歌曲与当地农特产品结合起来，慢慢开始有一些粉丝关注我们。我直播时穿的服装和直播场景也做了多次调整，才慢慢地固定下来，如穿西装、打领带、背景板突出"县长直播间"等。这些都是根据直播数据不断尝试、调整并最终确定下来的。

通过一天天的坚持和积累,"县长组合——大山乐涛淘"账号逐渐吸引了不少用户的关注和支持,单场直播在线人数最高达 6 万人,单场直播累计观看量最高超过 120 万人次。橱窗里的产品也从开始时的不到 10 款发展到现在的 50 多款,包括岚皋土豆、魔芋、香椿、茶叶等。而且,这些产品都是岚皋当地农户和企业生产加工的。截至 2023 年 2 月,"县长组合——大山乐涛淘"累计销售农特产品 17 万多单,销售额达 730 余万元,均为"832 平台"认证的消费扶贫产品,与贫困群众建立了利益联结机制。

我们通过直播带货了解直播电商市场特点,对所有产品都坚持做到亲自选品,指导企业调整和完善生产,倒逼生产企业积极创新,不断提升企业在产品包装、物流配送、售后服务等方面的业务水平。在这个过程中,涌现出了魔芋干、魔芋酸辣粉、豆腐乳、黄花菜等一批电商属性更强的农特产品。企业对接新电商的能力不断提升,生产和销售积极性显著提高。

在销售业绩提升的同时,我也收获了一些荣誉,成了岚皋的代言人,走上了更大的平台。2021 年 4 月,我获得了中共陕西省委网信办颁发的 2020 年"网聚正能量 争做好网民"活动工程品牌专项贡献奖;5 月,我受邀参加陕西广播电视台举办的"陕西骄傲"大型融媒直播活动,走进陕西电视台演播大厅宣传推介岚皋农特产品,受到广泛好评。2022 年 4 月,我受陕西省广播电台邀请,通过电话连线走进 FM107.8"闪耀三秦"栏目,为岚皋做推介;5 月,我受邀参加中央电视台农业频道"乡村大舞台"节目录制;7 月,我受邀参与澎湃新闻直播连麦,为岚皋做推介。

江山代有人才出。我深刻地明白,在农产品电商这条路上,只有我一个人站出来是远远不够的，我们必须培养更多的优秀人才，才能推动岚皋农特产品走得更远。因此，我们通过干部直播带动、组织电商培训、策划营销活动等方式，激发更多的年轻人从幕后走向台前。县域内农产品、美食、旅游、才艺类主播不断涌现，各类主播通过多种内容创作方式宣传推介岚皋。

未来，我们将以"县长组合—大山乐涛淘"账号为窗口，广泛嫁接县域内农产品供应链企业，通过不同农产品的销售实战不断提升企业的电商业务水平。

8.3　另类的"旅行主播"：西邮赵小赵—做最有温度的大学老师

从严格意义上说，"西邮赵小赵—做最有温度的大学老师"并不属于旅行领域账号，赵宁老师也不能算是旅行主播。不过，她在两次旅行中发布的游记却成了该账号涨粉的关键，其中的一些经验对旅行主播的成长大有裨益。

我是在2017年1月注册抖音账号的，并不是最早的一批人，但在高校教师群体中，我应该是比较早关注短视频并入局的。5年时间，我的全网粉丝达到200万，孵化培养的账号矩阵累计有5 000万粉丝。在西北，我走过了127个县，培训了3万余名"三农"学员，培养的粉丝数达到10万以上的学员就有260多名。用"桃李满天下"来形容我入局短视频和直播这一路，再合适不过了。

在短视频运营方面，我想重点分享我为两次旅行写的游记所带来的流量。

第一次旅行是从2017年1月28日开始的西南之行。

这次旅行历时 12 天，行程共计 4 730 公里，从西安出发，经过桐梓、晴隆的二十四拐、兴义的万峰林、曲靖的罗平油菜花、玉溪的抚仙湖、昆明、文山的普者黑、元谋的浪巴铺土林、西昌、德阳的三星堆遗址博物馆，最后从汉中的宁强回到西安。

一路上，美景旖旎，蓝天白云相伴。抚仙湖水天一色的景象尤其让人心醉。我拍摄了很多漂亮的图片、视频发到抖音上。

在我苦候几个小时等到夕阳下的满天彩霞时，心里的一个角落瞬间被照亮了，不由自主地落泪。那一刻的美景感动了我，也感动了抖音上的众多粉丝。

远行是极富诗意的行为，让你的心变得温柔，让你有能量回到红尘俗世中，继续匆匆地奔波。但是，你心里的某个角落肯定不一样了。你见了许多美丽的景，遇见了一些与你有默契的人，有了许多快乐的回忆。生活也许不可以在别处，但旅行一定是在别处。

旅行是最好的素材，因为我们每个人对远方都有期待。

这趟西南之行，让我印象最深的就是晴隆的二十四拐。这一站，是我心心念念的。一路小雨沥沥，路上泥泞不堪，大雾弥漫。到了之后，我看到一座座墓碑，沉重之感油然而生。

在抗日战争时期，这是一条交通要道，很多抗日物资都是通过这条路运到云南的。它是中国远征军的物资供应线之一，也是敌人重点轰炸的地方。在战火纷飞的年代，多少人倒在了这条路上，多少年轻的生命在这里定格。向战争中的英雄们致敬，总会有人、有物、有一种方式记住他们。

在旅行的那一路，我见到了世界，也见到了小我。不出去看看世界，怎么会有世界观？远行，让我看到了更多，也学会了谦逊和感恩。我们现在所拥有的自由和平静是多么的幸福。这一路的风景、感悟、心得都被我做成短视频，发布到抖音上。

　　我当时发布的短视频基本以图文为主，因为一路上条件比较简陋，时间也很仓促，每天晚上回去都攒了很多照片，我只能匆匆地编辑。当时，抖音对标题的字数有限制，最多55个字，还包括标点。这对我的发挥有很大的限制，尤其对擅长文字的人来说并不友好。

　　但让我惊讶的是，每条短视频动辄就有几万甚至几十万的播放量，这给我带来了不少新粉丝。而且，因为标签精准，许多西安邮电大学毕业的学生都刷到了我的短视频，他们纷纷在抖音上联系我。

　　这次旅行成了我的抖音账号快速涨粉的第一个契机。半年后，也就是2017年7月，我自驾去新疆北部旅行时发布的游记视频将流量推向了最高峰，也让我的抖音账号粉丝量突破了10万大关。

　　快速涨粉的第二个契机很快到来。2018年7月，我们自驾去新疆南部，历时1个月，来回超过1万公里。那次的旅行，至今回忆起来，都依然荡气回肠。

　　我们从西安出发，先上了沿黄公路。沿黄公路可以说是我国的"1号公路"，它是一条沿着黄河西岸串联陕西省4市、12县、50多个景点，全长800多公里的高颜值公路。

　　我们的路线是华阴（沿黄公路起点）—大荔（天下第一粮仓）—洽川（洽川湿地）—韩城（老县城，党家村）—宜川（壶口瀑布）—延川（路遥故居）—佳县（白云观）—神木—府谷（沿黄公路终点）。

　　其中，路遥故居让我屡次泪洒当场。我们第一次自驾游陕北，印象中的陕北高原应该是黄沙漫地、山高谷深，妹妹唱着忧伤悠长的陕北信天游看着哥哥走过沟壑纵横。这次的见闻让我叹为观止。一路上，峰峦叠嶂，绿色成片，蓝天白云，美不胜收。山脚下野花盛开，山鸡、野鸽子悠闲地觅食。谷底的溪水涓涓不息，放眼望去，极为壮阔。陕北的美，是牵人心魄的苍凉、浑厚，还有淡淡的萧瑟。

下了沿黄公路，进入内蒙古，我们在阿拉善左旗巴彦浩特停留数日。巴彦浩特的夜色极美，素有"小北京"之称；阿拉善大沙漠无边无垠，冲沙的激情和刺激最让人难忘。幽幽贺兰，茫茫草原，苍天圣地阿拉善，踏破贺兰山缺！离开阿拉善，下一站是额济纳旗。胡杨林、居延海让人魂牵梦系。

随后进疆。进疆后的路线是哈密—吐鲁番—乌鲁木齐—独山子（穿越独库）—巴音布鲁克—库车—阿克苏—乌什—返回阿克苏—喀什—塔身库尔干县—英吉沙—叶城—和田—民丰—且末—若羌—茫崖—德令哈—西宁—兰州—西安。

30 天，10 650 公里，2 万里路。一路前行，边游玩边在抖音上分享美景、美食、攻略、感悟。这些短视频虽然只是由一些图片和文字制作而成，但播放量、点赞量都很可观，最重要的是粉丝量急剧增长。

我想，旅行短视频打动粉丝的首先是他乡的美景、美图。此外，记录当时心境、感悟的文字也是旅行短视频吸引粉丝的重要因素。

（1）当你看到了世界的广袤，再也不会计较池塘的得失。

（2）这一路天大地大，信马由缰，天地之辽阔让人才知自身多么渺小。这世间始终不过一场繁华，负了天下也罢，怎敌你眉间一点朱砂，血染江山的画！

（3）我去过许许多多地方，也曾经在许多城市流连忘返，但在青海，在新疆，当汽车在蓝天白云中急驰，耳边是辽阔悠长的边塞曲，我真的一次又一次流泪。不到大西北，不到新疆，你不会知道祖国如此辽阔，江山如此美丽。有一个声音会天天从内心响起，我爱你，我的祖国！

（4）也许，世间的旅行并不像它看上去那么美好，只是在你从所有的酷暑严寒和狼狈疲惫中归来后，你会忘记所受的磨难，回忆不可思议的景象，它才是美好的。

（5）我想我已经不太喜欢用大段的文字来详尽地记录经历和表述心情，语言文字甚至镜头的表达都太过苍白，敌不过自然的丰沛和心思的细腻。

（6）鲜衣怒马的风光散尽，彼时少年也终将苍老。

（7）人生要去的地方，原来都是尚未谋面的故乡！

这些在当时心境下写的文字，如今看来依然动人。但结束了旅程，脱离了当时的心境，就很难写出这么美的文字。这些文字是旅行短视频引流的利器。

正是这些内容，一步步地让我成为受欢迎的人。我相信，你一定喜欢这样有血有肉、有感情、有温度的赵小赵，对吗？这也是我运营短视频以来一直的坚守。我始终认为，正是这份坚守，让我在全网收获200万粉丝。这正是我想分享给你的短视频运营的秘密。